河出書房新社

はじめに 算数の天才になる、魔法のテクニック！

35年以上にわたり、私は小中学生を対象にした右脳教育の実践と普及に尽力してきました。その中の研究テーマのひとつがインドで開発された暗算法でした。私は、その魅力に取りつかれ、さらに探求し続けて日本の子どもたちにアレンジして刊行したのがこの本です。

この本の大きな目的は、あなたのお子さんの計算力を劇的に高めることです。この本にある計算のテクニックを身につけるだけで、**あなたのお子さんの「計算脳」は驚異的な進化を遂げるだけでなく、数式の意味を知ることで算数の学習意欲が高まることが期待できます。**

すでにこうしたテーマの類書は多数刊行されていますが、この本の特徴は、テーマを「2ケタどうしのかけ算」に絞り込んだことです。つまり、この本にある問題を解くだけで、11×11から99×99までの2ケタどうしのかけ算の答を最終的には5秒でだせる能力を短期間で身につけることができます。

この本があなたのお子さんの運命を変えるかもしれません。

この本には16のテクニックが紹介されており、それらはつぎの3つのステップで構成されています。

ステップ1　計算法の解説

例題を示しながら計算法の肝をわかりやすく解説しています。

ステップ2　解き方に慣れよう

実際の問題を解く過程を丁寧に示しながら答をだす手助けをします。

ステップ3　問題を解いてみよう

実際に問題を解きます。最終的に5秒以内で解けるようになるまで何度もくりかえし問題を解きましょう。

また、**現状の実力を把握するための「おさらいテスト」と「総合テスト」**も用意しました。とくに「ステップ3」と「おさらいテスト」は何度もくりかえして解く必要がありますので、必ずコピーして問題を解くか、答は別の用紙に記入するようにしてください。

本書にある16のテクニックをマスターすれば、学校の算数の成績が上がるだけでなく、脳の活性化がはかられ、ひらめき力を高めたり、直感を鋭くすることにも役立ちます。

この本とのであいが、あなたのお子さんを算数の天才にしてくれるでしょう。

児玉光雄

もくじ

2ケタかけ算99×99までぜんぶ5秒で暗算できるすごい計算術

魔法のテクニックを大公開！

Part1 初級 基本のキのテクニック

Part2 中級 パターン別のコツ1

Part3 上級 パターン別のコツ2

Part4 応用 覚えると超速になるスゴワザ

Part 1

初級

基本のキのテクニック

テクニック1 2ケタの数字×11のかけ算

テクニック2 11 ～ 19どうしのかけ算

テクニック3 どちらかの数の1の位を0にする

テクニック4 偶数と1の位が5の数のかけ算

テクニック 1

2ケタの数字×11のかけ算

例題1

32×11

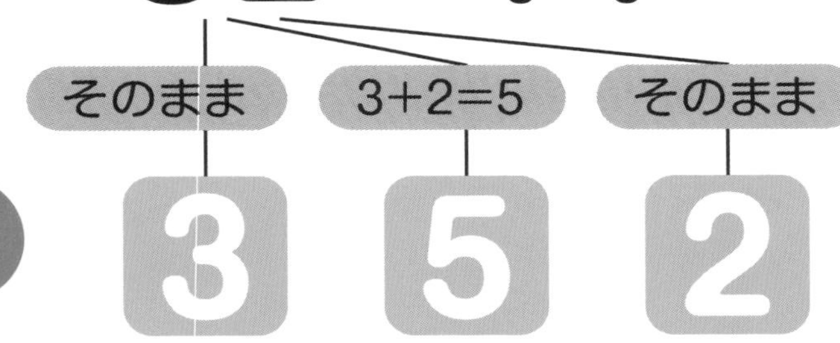

答 352

解説

11をかける計算が、すばやくできる方法を覚えましょう。九九をしらなくても、たし算だけですぐに答がだせます。
たとえば、例題1のように32×11なら、11でないほうの数32に注目してください。まず、1の位はそのまま1の位の数字を書きます。10の位は32の2ケタの2つの数をたした数字（この場合は3+2=5）、そして32の10の位の3が100の位になるのです。答は352になります。

例題2

76×11

7+1=8　7+6=13　そのまま

答 8 3 6

解説

76×11の計算をこの方法をつかってやってみましょう。
1の位は76の6がそのまま入ります。10の位は7+6で13の3が入り、100の位に1くりあがって7+1=8。答は836になります。

テクニック 1 解き方に慣れよう❶

❶ 53×11

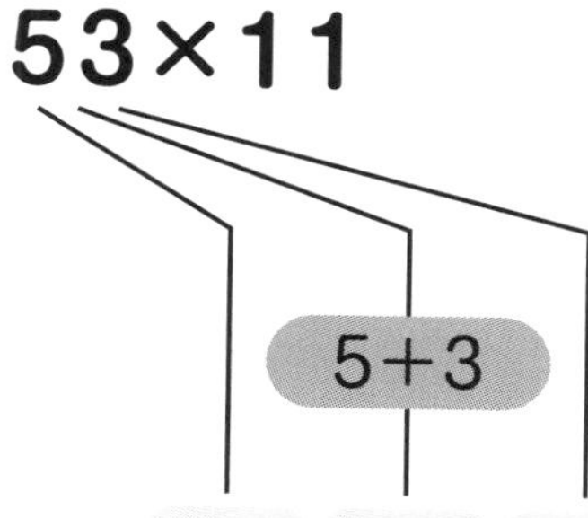

❷ 13×11

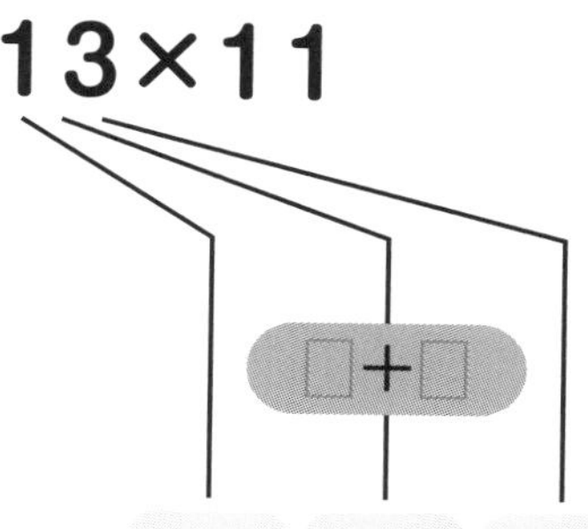

❸ 36×11

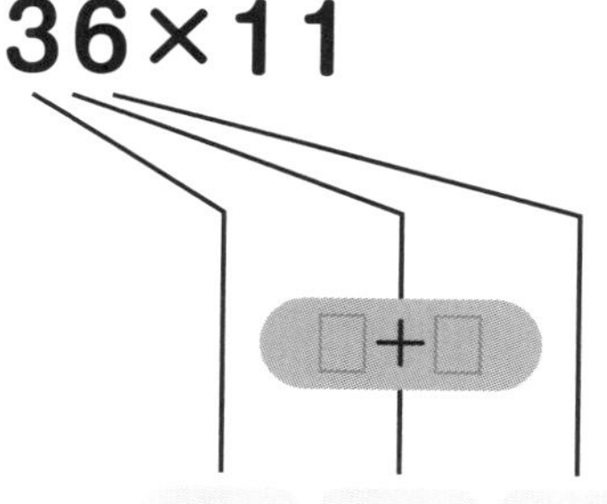

❹ 34×11

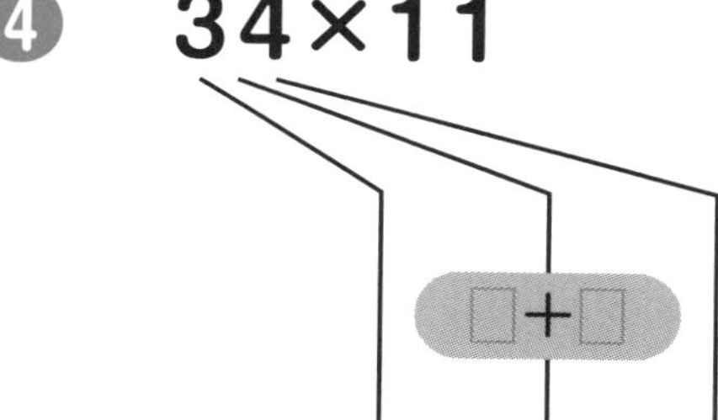

❺ 62×11

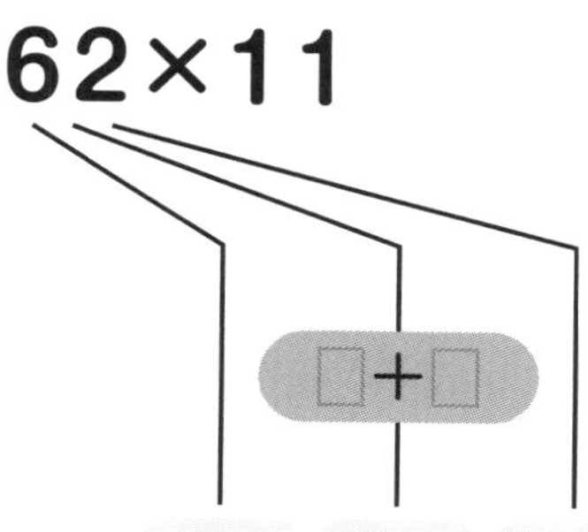

❻ 72×11

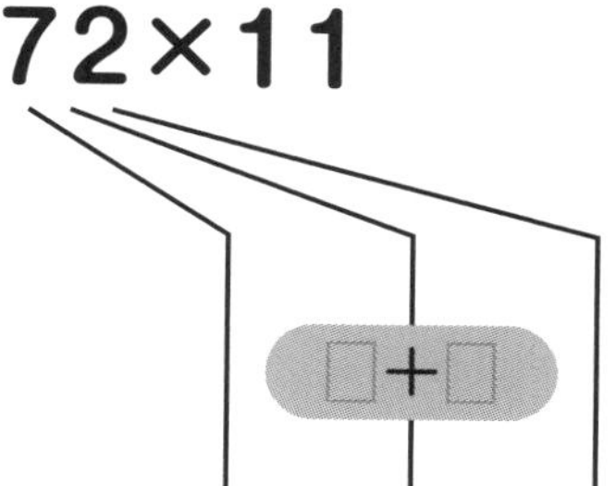

答 ①583 ②143 ③396 ④374 ⑤682 ⑥792

テクニック 1

解き方に慣れよう❷

❶ 47×11

□+1

□+□

❷ 29×11

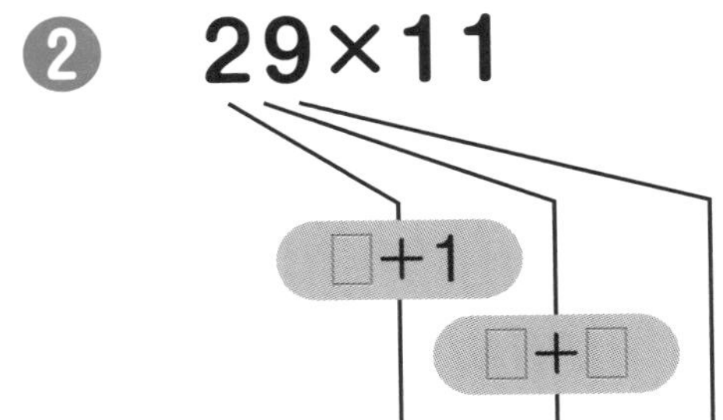

❸ 67×11

□+1

□+□

❹ 74×11

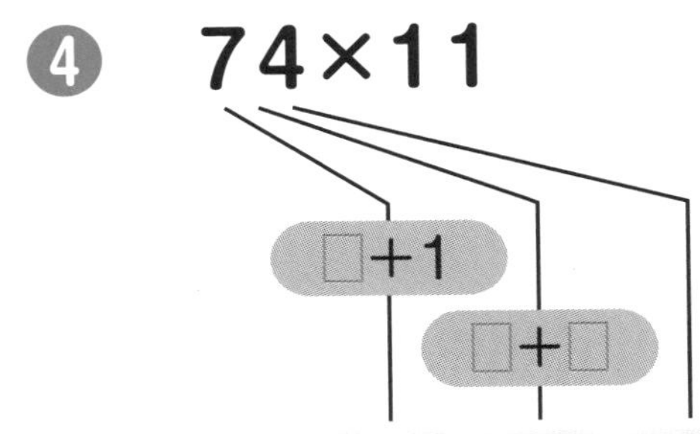

❺ 84×11

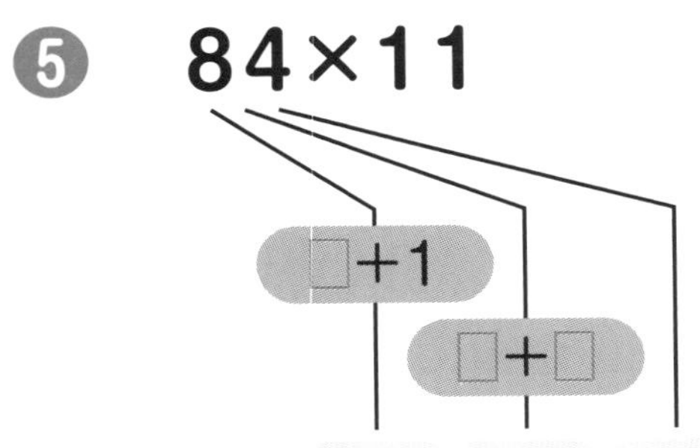

❻ 96×11

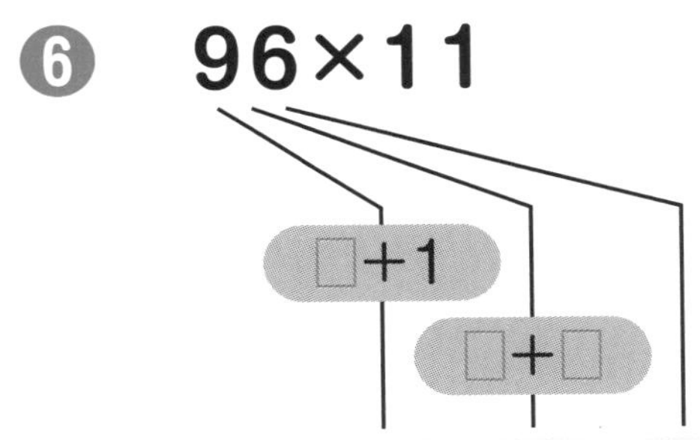

答 ①517 ②319 ③737 ④814 ⑤924 ⑥1056

テクニック 1

問題(もんだい)を解(と)いてみよう❶

❶ 63×11＝

❷ 16×11＝

❸ 27×11＝

❹ 38×11＝

❺ 42×11＝

❻ 58×11＝

❼ 65×11＝

❽ 73×11＝

❾ 79×11＝

❿ 92×11＝

⓫ 81×11＝

⓬ 83×11＝

答 ①693 ②176 ③297 ④418 ⑤462 ⑥638 ⑦715 ⑧803 ⑨869 ⑩1012 ⑪891 ⑫913

テクニック 1

問題を解いてみよう❷

❶ 12×11＝

❷ 14×11＝

❸ 28×11＝

❹ 43×11＝

❺ 23×11＝

❻ 57×11＝

❼ 54×11＝

❽ 68×11＝

❾ 77×11＝

❿ 87×11＝

⓫ 94×11＝

⓬ 98×11＝

答 ①132 ②154 ③308 ④473 ⑤253 ⑥627 ⑦594 ⑧748 ⑨847 ⑩957 ⑪1034 ⑫1078

テクニック 2 11～19どうしのかけ算

例題1

14×12

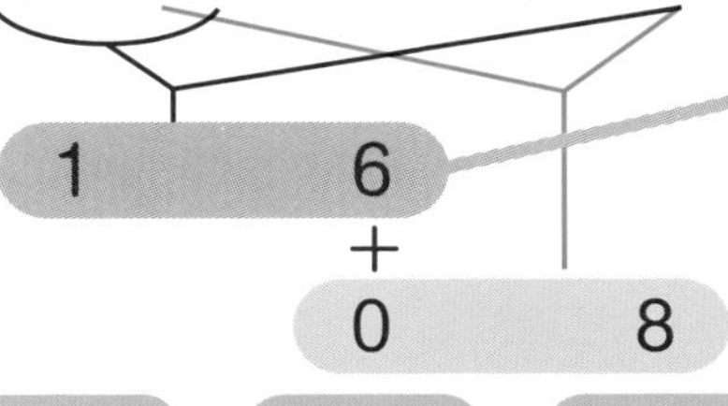

上2ケタは14+2
または12+4で16

下2ケタは
4×2=8

答 168

160+8=168

解説
まずどちらかの2ケタの数字と、もうひとつの数の1の位の数字をたしましょう。14+2（または12+4）=16になり、この数字が答の100の位と10の位になります。つまり160です。それに1の位の数字どうしをかけた合計をたせば160+8で、答は168です。

例題2

17×16

2 3
+
4 2

上2ケタは17+6
または16+7=23

下2ケタは
7×6=42

答 272

230+42=272

解説
上2ケタの数は17+6（または16+7）=23になります。それに1の位の数字どうしをかけた7×6=42をたしてください。
230+42=272が答になります。

テクニック 2

解き方に慣れよう

❶ 12×19＝

(12＋9)×10＋2×9

＝210＋18

＝

❷ 13×18

(□□＋□)×□□＋□×□

＝□□□＋□□

＝

❸ 14×16

(□□＋□)×□□＋□×□

＝□□□＋□□

＝

❹ 17×19

(□□＋□)×□□＋□×□

＝□□□＋□□

＝

❺ 18×15

(□□＋□)×□□＋□×□

＝□□□＋□□

＝

❻ 19×19

(□□＋□)×□□＋□×□

＝□□□＋□□

＝

答 ①228 ②234 ③224 ④323 ⑤270 ⑥361

応用

11～19と20～29の数とかけ算

例題3 **13×27**

27を（17+10）におきかえる

13×17+13×10

=13×（17+10）
=13×17+13×10
=221+130
=351

答 351

解説 例題3でも、11～19どうしのかけ算をかんたんに計算するテクニックをつかいましょう。27を（17+10）とおきかえると13×27=13×（17+10）=13×17+130=（13+7）×10+（3×7）+130=221+130となり351が答とわかります。

■慣れよう

❶ **16×24**

16×（14+10）
=16×14+160
=

❷ **17×27**

□□×（□□+10）
=□□×□□+□□□
=

❸ **19×26**

□□×（□□+10）
=□□×□□+□□□
=

❹ **18×28**

□□×（□□+10）
=□□×□□+□□□
=

答 ①384 ②459 ③494 ④504

テクニック 2

問題を解いてみよう❶
（11～19どうしの問題）

❶ 12×13＝

❷ 15×14＝

❸ 16×15＝

❹ 16×19＝

❺ 13×14＝

❻ 12×18＝

❼ 15×17＝

❽ 18×17＝

❾ 16×13＝

❿ 17×14＝

⓫ 14×18＝

⓬ 16×17＝

答 ①156 ②210 ③240 ④304 ⑤182 ⑥216 ⑦255 ⑧306 ⑨208 ⑩238
⑪252 ⑫272

テクニック 2

問題を解いてみよう❷ (11〜19×20〜29の問題)

❶ 12×26＝

❷ 13×29＝

❸ 13×26＝

❹ 16×23＝

❺ 14×29＝

❻ 17×22＝

❼ 14×27＝

❽ 18×23＝

❾ 13×24＝

❿ 15×25＝

⓫ 19×24＝

⓬ 15×26＝

答 ①312 ②377 ③338 ④368 ⑤406 ⑥374 ⑦378 ⑧414 ⑨312 ⑩375 ⑪456 ⑫390

テクニック 3

どちらかの数の1の位を0にする

例題1

19×12

12を10と2にわける

19×（10+2）

＝（19×10）＋（19×2）

＝190+38

答　2 2 8

解説

かけ算をするとき、どちらかの数が10や20のようにきりのいい数だと計算しやすくなりますね。数字をよく見て、1の位が0にできないか、いつもチェックするようにしてください。

例題では、12＝10+2ですから、

19×12＝19×（10+2）＝190+38＝228　となります。

例題2

34×18

＝34×（20−2）

＝680−68

＝680−（100−32）

＝580+32

答　6 1 2

解説

この例題では、18＝（20−2）ですから、

34×18＝34×（20−2）＝680−68。68を（100−32）とおきかえると、さらにかんたんに計算できます。

テクニック 3

解き方に慣れよう❶

❶ **24×29**

24×（30−1）

＝720−24

＝

❷ **37×41**

□□×（□□+1）

＝□□□□+□□

＝

❸ **56×28**

□□×（□□−2）

＝□□□□−□□□

＝

❹ **34×72**

□□×（□□+2）

＝□□□□+□□

＝

❺ **63×51**

□□×（□□+1）

＝□□□□+□□

＝

❻ **37×69**

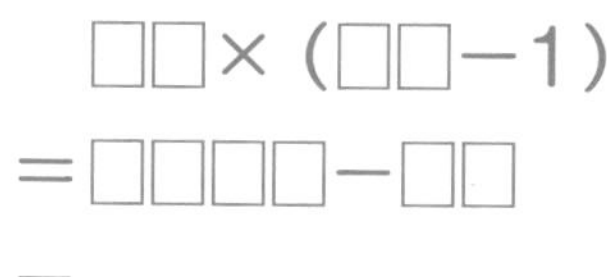

□□×（□□−1）

＝□□□□−□□

＝

答 ①696 ②1517 ③1568 ④2448 ⑤3213 ⑥2553

Part1 初級　基本のキのテクニック

テクニック 3

解き方に慣れよう❷

❶ 28×41

28×（□□+1）

=□□□□+28

=

□□□□

❷ 51×36

□□×（□□−□）

=□□□□−□□□

=

□□□□

❸ 43×29

□□×（□□−□）

=□□□□−□□

=

□□□□

❹ 51×78

□□×（□□−□）

=□□□□−□□□

=

□□□□

❺ 73×59

□□×（□□−□）

=□□□□−□□

=

□□□□

❻ 84×32

□□×（□□+□）

=□□□□+□□□

=

□□□□

答 ①1148 ②1836 ③1247 ④3978 ⑤4307 ⑥2688

テクニック 3

問題（もんだい）を解（と）いてみよう❶

❶ 61×12＝

❷ 39×49＝

❸ 39×61＝

❹ 25×41＝

❺ 78×29＝

❻ 53×12＝

❼ 37×79＝

❽ 83×98＝

❾ 67×88＝

❿ 56×78＝

⓫ 97×99＝

⓬ 76×71＝

答 ①732 ②1911 ③2379 ④1025 ⑤2262 ⑥636 ⑦2923 ⑧8134 ⑨5896 ⑩4368 ⑪9603 ⑫5396

テクニック 3

問題を解いてみよう❷

❶ 54×78＝

❷ 49×18＝

❸ 69×37＝

❹ 29×22＝

❺ 84×82＝

❻ 58×78＝

❼ 62×89＝

❽ 72×79＝

❾ 67×61＝

❿ 86×79＝

⓫ 73×98＝

⓬ 84×97＝

答 ①4212 ②882 ③2553 ④638 ⑤6888 ⑥4524 ⑦5518 ⑧5688 ⑨4087 ⑩6794 ⑪7154 ⑫8148

テクニック 3

問題(もんだい)を解(と)いてみよう③

❶ 18×82＝

❷ 38×12＝

❸ 29×48＝

❹ 26×42＝

❺ 53×28＝

❻ 36×68＝

❼ 18×59＝

❽ 63×39＝

❾ 46×79＝

❿ 74×69＝

⓫ 86×98＝

⓬ 88×89＝

答 ①1476 ②456 ③1392 ④1092 ⑤1484 ⑥2448 ⑦1062 ⑧2457 ⑨3634
⑩5106 ⑪8428 ⑫7832

テクニック 4

偶数と1の位が5の数のかけ算

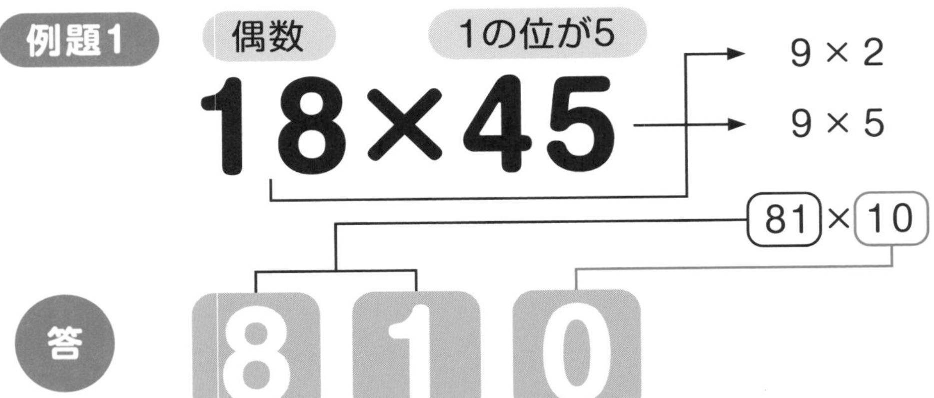

解説

偶数と1の位が5の数のかけ算でつかえるテクニックです。偶数を2とほかの数、1の位が5の数を5とほかの数をかけた形で表し、10をかける形に変えて計算するのです。(9×2) × (9×5) =9×9×10=810。かけ算をするときは、偶数と5の組み合わせがないか確認しましょう。

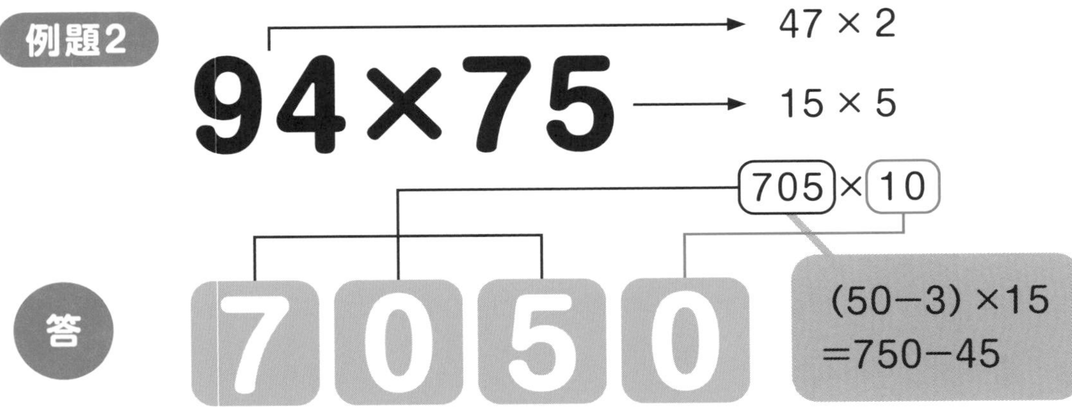

解説

少しむずかしい例題2の94×75を解いてみましょう。94=47×2、75=15×5ですから、47×15という形になります。47を (50−3) と考えるともっとかんたんになります。(50−3) ×15×10= (750−45) ×10=7050　となります。

テクニック 4 解き方に慣れよう

❶ **48×25**

(24×2) × (5×5)

＝24×5×10

＝120×10

＝

❷ **34×25**

(□□×2) × (□×□)

＝□□×□×10

＝□□×10

＝

❸ **64×55**

(□□×2) × (□□×□)

＝□□×□□×10

＝□□□×10

＝

❹ **72×65**

(□□×2) × (□□×□)

＝□□×□□×10

＝□□□×10

＝

❺ **82×35**

(□□×2) × (□×□)

＝□□×□×10

＝□□□×10

＝

❻ **96×75**

(□□×2) × (□□×□)

＝□□×□□×10

＝□□□×10

＝

答 ①1200 ②850 ③3520 ④4680 ⑤2870 ⑥7200

応用

奇数と1の位が5の数のかけ算

例題3

17×65

答 1105

＝（16+1）×65
＝16×65+65
＝8×13×10+65
＝104×10+65

解説

あなたは、偶数と1の位が5の2ケタの数のかけ算のテクニックをすでに学んでいます。奇数を「偶数+1」または「偶数−1」とおきかえてそれをつかいましょう。例題3は17×65＝（16+1）×65＝16×65+65＝8×130+65＝1105　のように、かんたんに解くことができますね。

■慣れよう

❶ **23×45**

（22+1）×45
＝22×45+45
＝11×9×10+45
＝

❷ **39×75**

（□□−□）×□□
＝□□×□□−□□
＝□□×□□×□□−□□
＝

❸ **43×65**

（□□+□）×□□
＝□□×□□+□□
＝□□×□□×□□+□□
＝

❹ **89×25**

（□□−□）×□□
＝□□×□□−□□
＝□□×□×□□−□□
＝

答　①1035　②2925　③2795　④2225

テクニック 4 問題(もんだい)を解(と)いてみよう❶

❶ $18 \times 35 =$

❷ $24 \times 15 =$

❸ $36 \times 25 =$

❹ $48 \times 45 =$

❺ $66 \times 55 =$

❻ $88 \times 75 =$

❼ $24 \times 75 =$

❽ $94 \times 35 =$

❾ $53 \times 65 =$

❿ $73 \times 45 =$

⓫ $93 \times 55 =$

⓬ $39 \times 95 =$

答 ①630 ②360 ③900 ④2160 ⑤3630 ⑥6600 ⑦1800 ⑧3290 ⑨3445 ⑩3285 ⑪5115 ⑫3705

問題を解いてみよう❷

❶ 46×55＝

❷ 62×35＝

❸ 74×65＝

❹ 82×25＝

❺ 63×75＝

❻ 58×65＝

❼ 37×25＝

❽ 29×45＝

❾ 47×65＝

❿ 57×75＝

⓫ 73×35＝

⓬ 81×85＝

答 ①2530 ②2170 ③4810 ④2050 ⑤4725 ⑥3770 ⑦925 ⑧1305 ⑨3055 ⑩4275 ⑪2555 ⑫6885

テクニック 1～4

おさらいテスト❶
満点(まんてん)をめざしましょう！

❶ 18×11＝

❷ 37×11＝

❸ 69×11＝

❹ 12×17＝

❺ 18×14＝

❻ 17×24＝

❼ 24×31＝

❽ 48×15＝

❾ 38×65＝

❿ 64×85＝

⓫ 27×75＝

⓬ 83×35＝

答 ①198 ②407 ③759 ④204 ⑤252 ⑥408 ⑦744 ⑧720 ⑨2470 ⑩5440 ⑪2025 ⑫2905

テクニック 1~4

おさらいテスト❷
満点(まんてん)をめざしましょう！

❶ 44×11＝

❷ 19×18＝

❸ 59×11＝

❹ 14×13＝

❺ 23×85＝

❻ 27×59＝

❼ 43×89＝

❽ 37×45＝

❾ 14×16＝

❿ 78×45＝

⓫ 38×81＝

⓬ 63×79＝

答 ①484 ②342 ③649 ④182 ⑤1955 ⑥1593 ⑦3827 ⑧1665 ⑨224 ⑩3510 ⑪3078 ⑫4977

Part 2

中級

パターン別のコツ1

テクニック5　1の位が5で10の位がおなじ数どうしのかけ算

テクニック6　1の位が5で10の位がちがう数どうしのかけ算

テクニック7　1の位がおなじで10の位をたすと10になる数のかけ算

テクニック8　10の位がおなじで1の位をたすと10になる数のかけ算

テクニック 5

1の位が5で10の位がおなじ数どうしのかけ算

例題1

1の位が5　おなじ数字

45×45

4×（4+1）　5×5

下2ケタはいつも25

上2ケタは4×（4+1）

答　2025

解説　1の位が5の同じ数をかけるやり方はかんたんです。答の下2ケタは必ず25で、その上のケタの数字は10の位の数とそれに1をたした数字をかけた数になるのです。たとえば45×45なら下2ケタが25、そしてその上のケタは4×（4+1）=20となり、答は2025です。

例題2

75×75

7×（7+1）　5×5

下2ケタはいつも25

上2ケタは7×（7+1）

答　5625

解説　数字が大きくなっても、2ケタならおなじやり方で計算できます。75×75の場合、まず下2ケタは25で決まりです。その上のケタの数字は7×（7+1）=56になるのです。答は5625です。

解き方に慣れよう

❶ 
25×25
下2ケタは25
上のケタは
2×（2+1）=6

❷ 
35×35
下2ケタは25
上のケタは
□×（□+□）=□□

❸ 
55×55
下2ケタは25
上のケタは
□×（□+□）=□□

❹ 65×65
下2ケタは25
上のケタは
□×（□+□）=□□

❺ 95×95
下2ケタは25
上のケタは
□×（□+□）=□□

❻ 85×85
下2ケタは25
上のケタは
□×（□+□）=□□

1の位が5で10の位がおなじ数としてかけ算する

例題3 **35×37**

=35×（35+2）
=35×35+70
=1225+70=1295

答 1 2 9 5

解説

あなたは、35×35をかんたんに計算する方法をすでに学んでいますから、そのテクニックをいかしてみましょう。35×37=35×（35+2）=35×35+70とおきかえるのです。35×35は1225とすぐにわかりますから、70をたせばかんたんに答をだすことができるでしょう。

■慣れよう

❶ **16×15**

（15+1）×15
=15×15+15
=225+15
=

❷ **25×23**

□□×（□□−□）
=□□×□□−□□
=□□□−□□
=

❸ **45×47**

□□×（□□+□）
=□□×□□+□□
=□□□□+□□
=

❹ **65×64**

□□×（□□−□）
=□□×□□−□□
=□□□□−□□
=

答 ①240 ②575 ③2115 ④4160

テクニック 5

問題を解いてみよう

❶ 15×15＝

❷ 25×25＝

❸ 45×45＝

❹ 55×55＝

❺ 65×65＝

❻ 85×85＝

❼ 15×13＝

❽ 25×26＝

❾ 55×57＝

❿ 65×63＝

⓫ 95×94＝

⓬ 95×97＝

答 ①225 ②625 ③2025 ④3025 ⑤4225 ⑥7225 ⑦195 ⑧650 ⑨3135 ⑩4095 ⑪8930 ⑫9215

テクニック 6

1の位(くらい)が5で10の位(くらい)がちがう数(かず)どうしのかけ算(ざん)

例題1

$$35 \times 75$$

3×7+5　5×5

答 2625

1の位が5で10の位の数字(すうじ)どうしをたして偶数(ぐうすう)なら、下(しも)2ケタはいつも25

それより上のケタは
3×7+（3+7）÷2
＝21+5＝26

解説

1の位(くらい)が5で10の位がちがう数(かず)どうしをかけるかけ算(ざん)は、10の位の数字(すうじ)どうしをたした数が偶数(ぐうすう)なら、下(しも)2ケタは必(かなら)ず25で、その上のケタの数字(すうじ)は10の位の数字をかけた数とそれに2つの数をたした数の半分の（3+7）÷2=5をたした数字になるのです。たとえば35×75なら下(しも)2ケタが25、そしてその上のケタは3×7+5=26　となり、答(こたえ)は2625です。

例題2

$$65 \times 75$$

6×7+（6+7）÷2　5×5+50

＝42+6.5＝48.5

答 4875

1の位が5で10の位が偶数と奇数なら下2ケタはいつも75

解説

例題(れいだい)2のように10の位どうしをたした数が奇数(きすう)のときは下(しも)2ケタはいつも75です。上のケタの計算方法(けいさんほうほう)は例題1とおなじですが、計算すると小数点(しょうすうてん)がつくので整数部分(せいすうぶぶん)だけをつかいます。小数点(しょうすうてん)以下(いか)（0.5）が10の位におりて下2ケタが75になるのです。

テクニック 6

解(と)き方(かた)に慣(な)れよう❶

❶ **25×45**

10の位の数字どうしをたした数が偶数になるので
下2ケタは25
上のケタは
2×4+（2+4）÷2=11

❷ **35×55**

10の位の数字どうしをたした数が偶数になるので
下2ケタは25
上のケタは
□×□+（□+□）÷2=□□

❸ **65×55**

10の位の数字どうしをたした数が奇数になるので
下2ケタは75
上のケタは
□×□+（□+□）÷2=□□.5

❹ **25×85**

10の位の数字どうしをたした数が偶数になるので
下2ケタは□□
上のケタは
□×□+（□+□）÷2=□□

❺ **95×15**

10の位の数字どうしをたした数が偶数になるので
下2ケタは□□
上のケタは
□×□+（□+□）÷2=□□

❻ **45×75**

10の位の数字どうしをたした数が奇数になるので
下2ケタは□□
上のケタは
□×□+（□+□）÷2=□□.5

答 ①1125 ②1925 ③3575 ④2125 ⑤1425 ⑥3375

テクニック 6

解き方に慣れよう❷

❶ **55×45**

10の位の数字どうしをたした数が奇数になるので
下2ケタは□□
上のケタは
□×□+（□+□）÷□=□□.5

❷ **25×55**

10の位の数字どうしをたした数が奇数になるので
下2ケタは□□
上のケタは
□×□+（□+□）÷□=□□.5

❸ **35×85**

10の位の数字どうしをたした数が奇数になるので
下2ケタは□□
上のケタは
□×□+（□+□）÷□=□□.5

❹ **65×95**

10の位の数字どうしをたした数が奇数になるので
下2ケタは□□
上のケタは
□×□+（□+□）÷□=□□.5

❺ **15×75**

10の位の数字どうしをたした数が偶数になるので
下2ケタは□□
上のケタは
□×□+（□+□）÷□=□□

❻ **85×65**

10の位の数字どうしをたした数が偶数になるので
下2ケタは□□
上のケタは
□×□+（□+□）÷□=□□

答 ①2475 ②1375 ③2975 ④6175 ⑤1125 ⑥5525

テクニック 6

問題(もんだい)を解(と)いてみよう❶

❶ 25×35＝

❷ 15×65＝

❸ 35×45＝

❹ 45×65＝

❺ 55×85＝

❻ 45×85＝

❼ 75×25＝

❽ 95×45＝

❾ 85×95＝

❿ 65×35＝

⓫ 35×95＝

⓬ 75×95＝

答 ①875 ②975 ③1575 ④2925 ⑤4675 ⑥3825 ⑦1875 ⑧4275 ⑨8075 ⑩2275 ⑪3325 ⑫7125

テクニック 6

問題を解いてみよう❷

❶ 15×45＝

❷ 25×75＝

❸ 35×65＝

❹ 45×35＝

❺ 55×35＝

❻ 65×25＝

❼ 65×45＝

❽ 75×65＝

❾ 85×15＝

❿ 85×35＝

⓫ 95×65＝

⓬ 95×85＝

答 ①675 ②1875 ③2275 ④1575 ⑤1925 ⑥1625 ⑦2925 ⑧4875 ⑨1275 ⑩2975 ⑪6175 ⑫8075

テクニック 7

1の位がおなじで10の位をたすと10になる数のかけ算

例題1

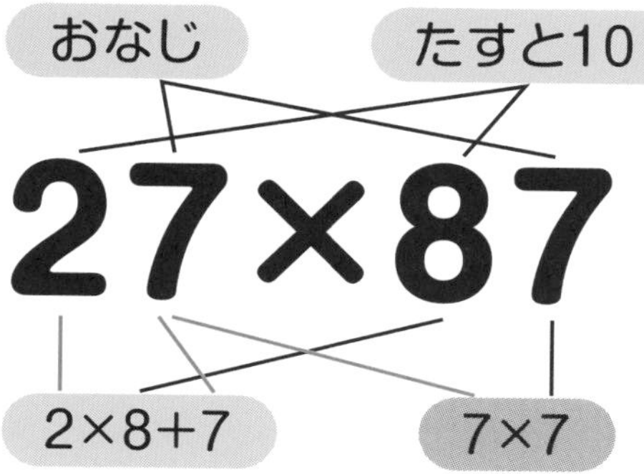

下2ケタは1の位をかけた数

上のケタは10の位をかけた数+1の位の数

答 2349

解説

1の位がおなじで、10の位の数をたすと10になる数字どうしのかけ算は、1の位の数をかけあわせると、そのまま下2ケタになります。上のケタは、10の位の数どうしをかけたものに1の位の数をたします。例題1では、下2ケタが7×7で49。上のケタは、2×8+7=23となります。

例題2

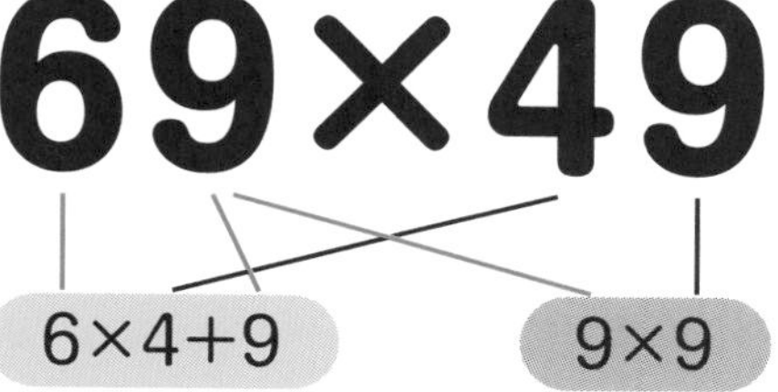

計算のやり方は例題1とおなじ

答 3381

解説

例題2では、下2ケタは9×9で81。上のケタは、6×4+9で33。公式にあてはめるだけでかんたんに答がでるわけです。1の位と10の位をまちがえないように気をつけましょう。

テクニック 7

解き方に慣れよう

❶ **26×86**

下2ケタは6×6＝36

上のケタは2×8＋6＝22

□□□□

❷ **13×93**

下2ケタは□×□＝□□

上のケタは□×□＋□＝□□

□□□□

❸ **34×74**

下2ケタは□×□＝□□

上のケタは□×□＋□＝□□

□□□□

❹ **62×42**

下2ケタは□×□＝□□

上のケタは□×□＋□＝□□

□□□□

❺ **78×38**

下2ケタは□×□＝□□

上のケタは□×□＋□＝□□

□□□□

❻ **23×83**

下2ケタは□×□＝□□

上のケタは□×□＋□＝□□

□□□□

答 ①2236 ②1209 ③2516 ④2604 ⑤2964 ⑥1909

1の位がおなじで10の位をたすと10になる数のかけ算を応用する

例題3

27×86

(26+1)×86
=26×86+86
=2236+86

答 **2322**

解説
あなたは26×86をかんたんに計算するテクニックをすでに学んでいますから、それを利用すればいいのです。
26×86は下2ケタが6×6=36、上2ケタが2×8+6=22なので、2236ですから、これに86をたした2322が答になります。

■慣れよう

① 62×41

(61+1)×41
=61×41+41
=2501+41
=

② 76×34

(□□+2)×□□
=□□×□□+□□
=□□□□+□□
=

③ 74×37

□□×(□□+3)
=□□×□□+□□□
=□□□□+□□□
=

④ 43×62

(□□+1)×□□
=□□×□□+□□
=□□□□+□□
=

答 ①2542 ②2584 ③2738 ④2666

問題を解いてみよう❶

❶ 14×94＝

❷ 36×76＝

❸ 32×72＝

❹ 24×84＝

❺ 73×33＝

❻ 64×44＝

❼ 38×78＝

❽ 47×67＝

❾ 77×38＝

❿ 82×23＝

⓫ 57×58＝

⓬ 96×14＝

答 ①1316 ②2736 ③2304 ④2016 ⑤2409 ⑥2816 ⑦2964 ⑧3149 ⑨2926 ⑩1886 ⑪3306 ⑫1344

テクニック 7

問題(もんだい)を解(と)いてみよう❷

❶ 42×62＝

❷ 93×13＝

❸ 37×77＝

❹ 78×36＝

❺ 63×43＝

❻ 76×36＝

❼ 38×76＝

❽ 29×88＝

❾ 23×81＝

❿ 67×46＝

⓫ 94×13＝

⓬ 66×47＝

答 ①2604 ②1209 ③2849 ④2808 ⑤2709 ⑥2736 ⑦2888 ⑧2552 ⑨1863 ⑩3082 ⑪1222 ⑫3102

テクニック 8

10の位がおなじで1の位をたすと10になる数のかけ算

例題1

おなじ　たすと10

43×47

4×(4+1)=20　3×7=21

答　2021

1の位どうしをかけた21が下2ケタになる

10の位の4と4に1をたした数をかけた20が上2ケタになる

解説　やり方を見ればわかるように、これはテクニック5とおなじ方法です。1の位どうしをかけた数を下2ケタとして、10の位の数とそれに1をたした数をかけた数をその上のケタに入れれば、自動的に答になるのです。

例題2

84×86

8×(8+1)=72　4×6=24

答　7224

1の位どうしをかけた24が下2ケタになる

10の 位 の8と8に1をたした数をかけた72が上2ケタになる

解説　まず、1の位の数どうしをかけます。4×6=24なので、24が下2ケタとわかります。そして、8×9=72を上2ケタに入れれば7224。これがこの計算の答です。とてもかんたんですね。

テクニック 8 解き方に慣れよう

❶ **11×19**

1×9＝◇◇09
1×（1＋1）＝◇2
209

❷ **28×22**

□×□＝◇◇□□
□×（□＋1）＝◇□
□□□

❸ **36×34**

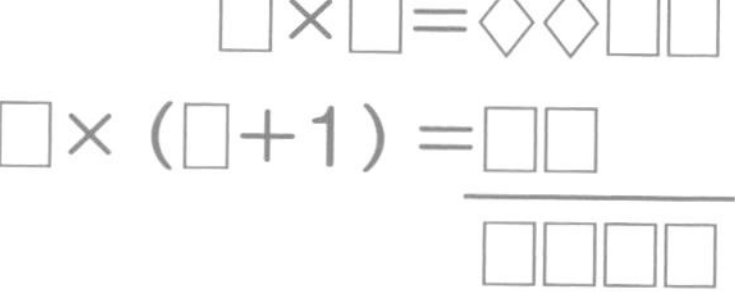

□×□＝◇◇□□
□×（□＋1）＝□□
□□□□

❹ **48×42**

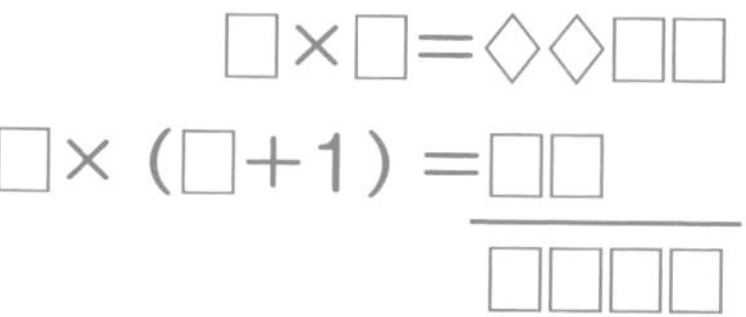

□×□＝◇◇□□
□×（□＋1）＝□□
□□□□

❺ **62×68**

□×□＝◇◇□□
□×（□＋1）＝□□
□□□□

❻ **87×83**

□×□＝◇◇□□
□×（□＋1）＝□□
□□□□

答　①209　②616　③1224　④2016　⑤4216　⑥7221

応用

10の位がおなじで1の位をたすと10になる数字のかけ算を応用する

例題3

44×47

＝(43+1)×47
＝43×47+47
＝2021+47

上2ケタは 4×(4+1)＝20

下2ケタは 3×7

答 2068

解説
例題1で学んだ、43×47をかんたんに計算できるテクニックを利用しましょう。44×47を(43+1)×47におきかえればいいのです。43×47+47＝(4×5×100)+3×7+47=2021+47=2068　と、すぐに答がでます。

■慣れよう

① 24×27

24×(26+1)
＝24×26+24
＝600+24+24
＝

② 42×49

□□×(□□+1)
＝□□×□□+□□
＝□□□□+□□+□□
＝

③ 36×33

□□×(□□−1)
＝□□×□□−□□
□□□□+□□−□□
＝

④ 84×87

□□×(□□+1)
＝□□×□□+□□
＝□□□□+□□+□□
＝

答　①648　②2058　③1188　④7308

テクニック 8 問題(もんだい)を解(と)いてみよう❶

❶ 31×39＝

❷ 34×36＝

❸ 23×27＝

❹ 24×26＝

❺ 42×48＝

❻ 61×69＝

❼ 53×57＝

❽ 74×76＝

❾ 93×97＝

❿ 14×17＝

⓫ 51×59＝

⓬ 32×39＝

答 ①1209 ②1224 ③621 ④624 ⑤2016 ⑥4209 ⑦3021 ⑧5624 ⑨9021 ⑩238 ⑪3009 ⑫1248

テクニック 8

問題(もんだい)を解(と)いてみよう❷

❶ 17×13＝

❷ 15×16＝

❸ 41×49＝

❹ 44×46＝

❺ 52×58＝

❻ 57×53＝

❼ 38×31＝

❽ 46×43＝

❾ 57×54＝

❿ 62×69＝

⓫ 73×78＝

⓬ 87×84＝

答　①221　②240　③2009　④2024　⑤3016　⑥3021　⑦1178　⑧1978　⑨3078
⑩4278　⑪5694　⑫7308

テクニック 5~8

おさらいテスト❶
満点(まんてん)をめざしましょう！

❶ 14×93＝

❷ 45×45＝

❸ 67×63＝

❹ 55×75＝

❺ 48×68＝

❻ 44×45＝

❼ 46×66＝

❽ 28×89＝

❾ 68×62＝

❿ 78×72＝

⓫ 54×57＝

⓬ 67×68＝

答 ①1302 ②2025 ③4221 ④4125 ⑤3264 ⑥1980 ⑦3036 ⑧2492 ⑨4216 ⑩5616 ⑪3078 ⑫4556

テクニック
5~8

おさらいテスト❷ 満点をめざしましょう！

❶ 26×24＝

❷ 77×74＝

❸ 85×85＝

❹ 82×21＝

❺ 53×58＝

❻ 95×35＝

❼ 43×64＝

❽ 28×88＝

❾ 35×35＝

❿ 72×32＝

⓫ 32×38＝

⓬ 83×86＝

答 ①624 ②5698 ③7225 ④1722 ⑤3074 ⑥3325 ⑦2752 ⑧2464 ⑨1225 ⑩2304 ⑪1216 ⑫7138

Part 3

上級

パターン別のコツ2

テクニック9　10の位がおなじ2つの数のかけ算

テクニック10　おなじ数字でできた数どうしのかけ算

テクニック11　どちらか一方がおなじ数字の数のかけ算

テクニック12　まんなかの数がきりのよい数どうしのかけ算

テクニック13　2ケタで90以上の数どうしのかけ算

むずかしい
かけ算も
スラスラ解ける！

テクニック 9

10の位がおなじ 2つの数のかけ算

例題1

34×37

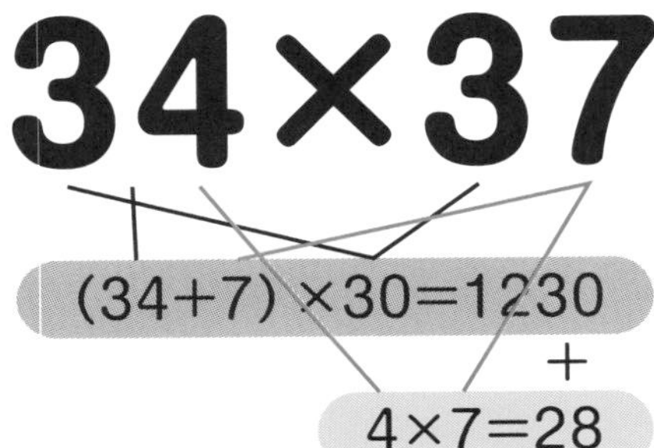

答 1258

一方の数に、もうひとつの数の1の位の数をたす。34+7または37+4=41

41に10の位の数字3に10をかけた30をかけた1230と1の位どうしをかけた数28をたす

解説

34×37の計算をしてみましょう。
まず、34と、37の1の位である7をたします。34+7=41。この数に共通の10の位の30をかけると、41×30=1230になります。これに1の位をかけた4×7=28をたした1258が答です。

例題2

79×78

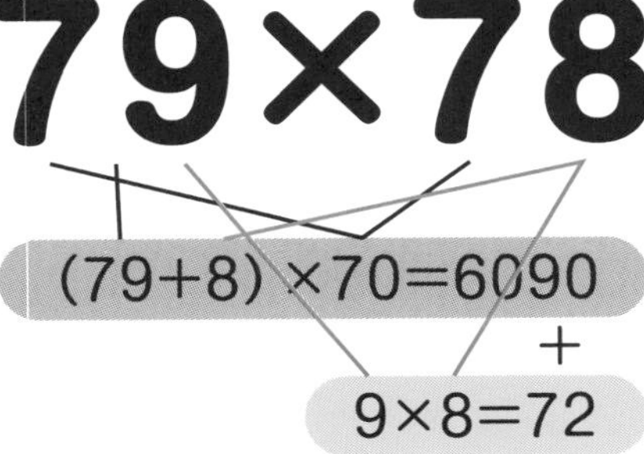

答 6162

一方の数に、もうひとつの数の1の位の数をたす。79+8または78+9=87

87に10の位の数字7に10をかけた70をかけた6090と1の位どうしをかけた数72をたす

解説

79×78の計算では、1の位どうしをかけたときに72となり、ケタがくりあがりますが、やり方を変える必要はありません。
(79+8) ×70=6090。これに72をたした6162が答です。

テクニック 9

解き方に慣れよう❶

❶ **13×16**

(13+6) ×10=190
3×6=18
190+18=

❷ **23×28**

(□□+□) ×□□=□□□
□×□=□□
□□□+□□=

❸ **47×48**

(□□+□) ×□□=□□□□
□×□=□□
□□□□+□□=

❹ **62×67**

(□□+□) ×□□=□□□□
□×□=□□
□□□□+□□=

❺ **51×52**

(□□+□) ×□□=□□□□
□×□=□
□□□□+□=

❻ **92×96**

(□□+□) ×□□=□□□□
□×□=□□
□□□□+□□=

答 ①208 ②644 ③2256 ④4154 ⑤2652 ⑥8832

テクニック 9 解き方に慣れよう❷

❶ 24×28

(24+□)×□□=□□□

4×□=□□

□□□+□□=

□□□

❷ 35×38

(□□+□)×□□=□□□□

□×□=□□

□□□□+□□=

□□□□

❸ 64×69

(□□+□)×□□=□□□□

□×□=□□

□□□□+□□=

□□□□

❹ 73×76

(□□+□)×□□=□□□□

□×□=□□

□□□□+□□=

□□□□

❺ 82×89

(□□+□)×□□=□□□□

□×□=□□

□□□□+□□=

□□□□

❻ 54×58

(□□+□)×□□=□□□□

□×□=□□

□□□□+□□=

□□□□

答 ①672 ②1330 ③4416 ④5548 ⑤7298 ⑥3132

問題を解いてみよう❶

❶ 83×87＝

❷ 17×18＝

❸ 23×26＝

❹ 36×37＝

❺ 42×47＝

❻ 51×56＝

❼ 63×68＝

❽ 72×77＝

❾ 86×81＝

❿ 96×98＝

⓫ 57×52＝

⓬ 78×79＝

答 ①7221 ②306 ③598 ④1332 ⑤1974 ⑥2856 ⑦4284 ⑧5544 ⑨6966 ⑩9408 ⑪2964 ⑫6162

テクニック 9

問題(もんだい)を解(と)いてみよう❷

❶ 15×19＝

❷ 26×29＝

❸ 37×36＝

❹ 43×48＝

❺ 47×42＝

❻ 53×56＝

❼ 62×66＝

❽ 73×74＝

❾ 82×84＝

❿ 22×29＝

⓫ 47×46＝

⓬ 68×64＝

答 ①285 ②754 ③1332 ④2064 ⑤1974 ⑥2968 ⑦4092 ⑧5402 ⑨6888 ⑩638 ⑪2162 ⑫4352

テクニック10

おなじ数字(すうじ)でできた数(かず)どうしのかけ算(ざん)

例題1

22×33

2×3=6 — 06 06 — 2×3=6

+12 — 06+06

答 **726**

2と3をかけて0606と書(か)いておく

06と06の合計(ごうけい)12をケタのまんなかにおき、それをたす

解説

おなじ数字(すうじ)でできた数(かず)、つまりゾロ目(め)の数(かず)どうしのかけ算のテクニックです。まず、2つの数の10の位(くらい)と1の位どうしをかけた数を並(なら)べ、つぎにその2つの数の合計(ごうけい)を、まんなかのケタにおいてたせばそれが答(こたえ)です。例題(れいだい)1の22×33では、2×3と2×3を並(なら)べて0606とし、そのまんなかに12(=6+6)をおいてたせば、606+120=726と答がでます。最初(さいしょ)の手順(てじゅん)で、66でなく0606と書くのがポイントです。

例題2

66×77

6×7=42 — 42 42 — 6×7=42

+84 — 42+42

答 **5082**

6と7をかけて4242と書いておく

42と42の合計84をケタのまんなかにおき、それをたす

解説

まず6と7をかけて42をだし、4242と書きます。つぎに42と42をたして84をだし、まんなかにおいて合計したものが答です。やり方(かた)がわかればとてもかんたんですね。

テクニック 10

解(と)き方(かた)に慣(な)れよう❶

❶ **11×55**

1×5=5　　　0505

5+5=10　　　10

❷ **22×44**

□×□=□　　　□□□□

□+□=□□　　　□□

❸ **33×77**

□×□=□□　　　□□□□

□□+□□=□□　　　□□

❹ **44×88**

□×□=□□　　　□□□□

□□+□□=□□　　　□□

❺ **22×99**

□×□=□□　　　□□□□

□□+□□=□□　　　□□

❻ **44×33**

□×□=□□　　　□□□□

□□+□□=□□　　　□□

答　①605　②968　③2541　④3872　⑤2178　⑥1452

テクニック10 解(と)き方(かた)に慣(な)れよう❷

❶ 22×77

2×□=□□　　□□□□

14+□□=□□　　□□

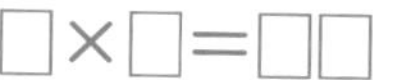

❷ 55×77

□×□=□□　　□□□□

□□+□□=□□　　□□

❸ 66×33

□×□=□□　　□□□□

□□+□□=□□　　□□

❹ 22×88

□×□=□□　　□□□□

□□+□□=□□　　□□

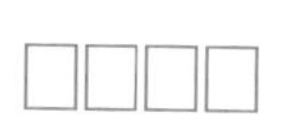

❺ 44×77

□×□=□□　　□□□□

□□+□□=□□　　□□

❻ 99×33

□×□=□□　　□□□□

□□+□□=□□　　□□

答　①1694　②4235　③2178　④1936　⑤3388　⑥3267

テクニック 10

問題を解いてみよう❶

❶ 11×33＝

❷ 11×66＝

❸ 88×22＝

❹ 33×55＝

❺ 44×66＝

❻ 88×66＝

❼ 66×99＝

❽ 77×44＝

❾ 88×33＝

❿ 99×22＝

⓫ 99×44＝

⓬ 88×99＝

答 ①1363 ②726 ③1936 ④1815 ⑤2904 ⑥5808 ⑦6534 ⑧3388 ⑨2904 ⑩2178 ⑪4356 ⑫8712

テクニック 10

問題を解いてみよう❷

❶ 11×77＝

❷ 11×88＝

❸ 22×55＝

❹ 22×66＝

❺ 33×22＝

❻ 44×55＝

❼ 55×33＝

❽ 66×66＝

❾ 77×55＝

❿ 88×77＝

⓫ 99×77＝

⓬ 99×88＝

答 ①847 ②968 ③1210 ④1452 ⑤726 ⑥2420 ⑦1815 ⑧4356 ⑨4235 ⑩6776 ⑪7623 ⑫8712

テクニック 11

どちらか一方がおなじ数字の数のかけ算

例題1

26×33

2×3=6 — 06 18 — 6×3=18

+24 — 06+18

答 858

10の位どうしと1の位どうしをかけて、0618と書いておく

06と18の合計（24）をケタのまんなかにおき、それをたす

解説

どちらか一方がゾロ目の数のかけ算のテクニックです。まず、2つの数字の10の位と1の位どうしをかけた2つの数を並べます。つぎに、その2つの数の合計をまんなかのケタにおいてたせば、それが答です。例題1の26×33では、2×3と6×3を並べて0618とし、そのまんなかに24（=6+18）をおいてたせば、0618+◇24◇=0858 と答がでます。最初の計算で、左右をまちがえないようにしましょう。

例題2

38×44

3×4=12 — 12 32 — 8×4=32

+44 — 12+32

答 1672

6と7をかけて4242と書いておく

42と42の合計84をケタのまんなかにおき、それをたす

解説

まず、3と4、8と4をかけて12と32をだし、1232と書きます。つぎに12と32をたした44を、まんなかのケタにおいて合計したものが答になります。

テクニック 11

解き方に慣れよう❶

❶ 16×33

1×3=3

6×3=18　　0318

3+18=21　　21

❷ 36×66

□×□=□□

□×□=□□　　□□□□

□□+□□=□□　　□□

❸ 47×77

□×□=□□

□×□=□□　　□□□□

□□+□□=□□　　□□

❹ 29×44

□×□=□

□×□=□□　　□□□□

□+□□=□□　　□□

❺ 58×44

□×□=□□

□×□=□□　　□□□□

□□+□□=□□　　□□

❻ 74×88

□×□=□□

□×□=□□　　□□□□

□□+□□=□□　　□□

答　①528　②2376　③3619　④1276　⑤2552　⑥6512

テクニック 11

解(と)き方(かた)に慣(な)れよう❷

❶ 35×44

3×□=□□
5×□=□□　　1220
□□+□□=□□　　32

❷ 34×22

□×□=□
□×□=□　　□□□□
□+□=□□　　□□

❸ 16×66

□×□=□
□×□=□□　　□□□□
□+□□=□□　　□□

❹ 92×77

□×□=□□
□×□=□□　　□□□□
□□+□□=□□　　□□

❺ 29×33

□×□=□
□×□=□□　　□□□□
□+□□=□□　　□□

❻ 46×88

□×□=□□
□×□=□□　　□□□□
□□+□□=□□　　□□

答 ①1540 ②748 ③1056 ④7084 ⑤957 ⑥4048

テクニック 11 問題(もんだい)を解(と)いてみよう❶

❶ 15×22＝

❷ 17×66＝

❸ 23×33＝

❹ 43×77＝

❺ 68×77＝

❻ 49×66＝

❼ 27×88＝

❽ 58×99＝

❾ 72×99＝

❿ 93×33＝

⓫ 48×99＝

⓬ 39×77＝

答 ①330 ②1122 ③759 ④3311 ⑤5236 ⑥3234 ⑦2376 ⑧5742 ⑨7128 ⑩3069 ⑪4752 ⑫3003

テクニック 11

問題を解いてみよう❷

❶ 32×22＝

❷ 64×22＝

❸ 87×22＝

❹ 58×33＝

❺ 27×44＝

❻ 78×66＝

❼ 47×66＝

❽ 24×77＝

❾ 83×77＝

❿ 78×88＝

⓫ 59×88＝

⓬ 64×99＝

答 ①704 ②1408 ③1914 ④1914 ⑤1188 ⑥5148 ⑦3102 ⑧1848 ⑨6391 ⑩6864 ⑪5192 ⑫6336

テクニック 12

まんなかの数がきりのよい数どうしのかけ算

例題1

27×33

まんなかの数…30
30×30＝900

まんなかの数との差…3
3×3＝9

(30−3)×(30+3)
＝900−9

答 891

解説 「まんなかの数」とは、2つの数の差が偶数のとき、ちょうど中間にある数のことです。2と4なら3、10と20なら15がまんなかの数になります。その1の位が0になる場合、まんなかの数どうしをかけたものから、まんなかの数までの差どうしをかけたものをひけばかんたんに答がでます。27×33の場合はまんなかの数が30なので、30×30−3×3=891　というわけです。

例題2

62×48

まんなかの数…55
55×55＝3025

まんなかの数との差…7
7×7＝49

(55+7)×(55−7)
＝55×55−7×7
＝3025−49

答 2976

解説 このタイプの問題は、2つの数のまんなかの数字を見つけることさえできればかんたんにとけます。55×55のかけ算は30ページのテクニック5を思いだしてください。

テクニック 12

解(と)き方(かた)に慣(な)れよう❶

❶ **29×31**

まんなかの数は30で
30×30＝900
まんなかの数との差は1で
1×1＝1
900－1＝

❷ **37×43**

まんなかの数は□□で
□□×□□＝□□□□
まんなかの数との差は□で
□×□＝□
□□□□－□＝

❸ **52×48**

まんなかの数は□□で
□□×□□＝□□□□
まんなかの数との差は□で
□×□＝□
□□□□－□＝

❹ **89×91**

まんなかの数は□□で
□□×□□＝□□□□
まんなかの数との差は□で
□×□＝□
□□□□－□＝

❺ **78×82**

まんなかの数は□□で
□□×□□＝□□□□
まんなかの数との差は□で
□×□＝□
□□□□－□＝

❻ **68×72**

まんなかの数は□□で
□□×□□＝□□□□
まんなかの数との差は□で
□×□＝□
□□□□－□＝

答 ①899 ②1591 ③2496 ④8099 ⑤6396 ⑥4896

テクニック 12 解き方に慣れよう❷

❶ **42×38**

まんなかの数は□□で
□□×□□=□□□□
まんなかの数との差は□で
□×□=□
□□□□−□=

❷ **47×53**

まんなかの数は□□で
□□×□□=□□□□
まんなかの数との差は□で
□×□=□
□□□□−□=

❸ **62×38**

まんなかの数は□□で
□□×□□=□□□□
まんなかの数との差は□□で
□□×□□=□□□
□□□□−□□□=

❹ **41×89**

まんなかの数は□□で
□□×□□=□□□□
まんなかの数との差は□□で
□□×□□=□□□
□□□□−□□□=

❺ **73×57**

まんなかの数は□□で
□□×□□=□□□□
まんなかの数との差は□で
□×□=□□
□□□□−□□=

❻ **57×93**

まんなかの数は□□で
□□×□□=□□□□
まんなかの数との差は□□で
□□×□□=□□□
□□□□−□□□=

答 ①1596 ②2491 ③2356 ④3649 ⑤4161 ⑥5301

テクニック 12

問題(もんだい)を解(と)いてみよう❶

❶ 64×56＝

❷ 31×29＝

❸ 93×87＝

❹ 47×23＝

❺ 46×54＝

❻ 48×52＝

❼ 63×57＝

❽ 69×71＝

❾ 81×79＝

❿ 88×92＝

⓫ 82×78＝

⓬ 62×58＝

答 ①3584 ②899 ③8091 ④1081 ⑤2484 ⑥2496 ⑦3591 ⑧4899 ⑨6399 ⑩8096 ⑪6396 ⑫3596

テクニック 12

問題を解いてみよう❷

❶ 17×23＝

❷ 19×21＝

❸ 38×42＝

❹ 34×26＝

❺ 49×51＝

❻ 53×47＝

❼ 58×62＝

❽ 59×61＝

❾ 67×73＝

❿ 72×68＝

⓫ 86×94＝

⓬ 51×45＝

答 ①391 ②399 ③1596 ④884 ⑤2499 ⑥2491 ⑦3596 ⑧3599 ⑨4891 ⑩4896 ⑪8084 ⑫2295

テクニック 13

2ケタで90以上の数どうしのかけ算

例題1

94×97

100からそれぞれをひいた数をかけた数が下2ケタ
(100−94)×(100−97)
=6×3=18

(100−94)×(100−97)

100−(6+3)=91　6×3

100からその6と3をひいた数が上2ケタ
100−(6+3)=91

答　9118

解説　94×97でやり方を説明しましょう。まず、100からそれぞれの数字をひいた数を求めます。ここでは6と3ですね。そして、6と3をかけた数(18)を下2ケタに書き、100から6+3=9をひいた数(91)を上2ケタに書けば9118。これが答です。

例題2

96×93

100からそれぞれをひいた数をかけた数が下2ケタ
(100−96)×(100−93)
=4×7=28

(100−96)×(100−93)

100−(4+7)=89　4×7

100からその4と7をひいた数が上2ケタ
100−(4+7)=89

答　8928

解説　例題2では、100−96=4、100−93=7ですから4×7=28。これを下2ケタに28と書きます。そして100から4+7=11をひいた数、つまり89を上2ケタに書きましょう。答は8928です。

テクニック13 解き方に慣れよう❶

❶ **91×94**

(100－91)×(100－94)
＝9×6＝54
100－(9＋6)＝85

❷ **94×93**

(100－□□)×(100－□□)
＝□×□＝□□
100－(□＋□)＝□□

❸ **92×99**

(100－□□)×(100－□□)
＝□×□＝□
100－(□＋□)＝□□

❹ **95×98**

(□□□－□□)×(□□□－□□)
＝□×□＝□□
□□□－(□＋□)＝□□

❺ **95×96**

(□□□－□□)×(□□□－□□)
＝□×□＝□□
□□□－(□＋□)＝□□

❻ **97×98**

(□□□－□□)×(□□□－□□)
＝□×□＝□
□□□－(□＋□)＝□□

答 ①8554 ②8742 ③9108 ④9310 ⑤9120 ⑥9506

テクニック 13

解き方に慣れよう❷

❶ **92×93**

(100−□□) × (100−□□)

＝□×□＝□□

100−(□+□)

❷ **93×91**

(□□□−□□) × (□□□−□□)

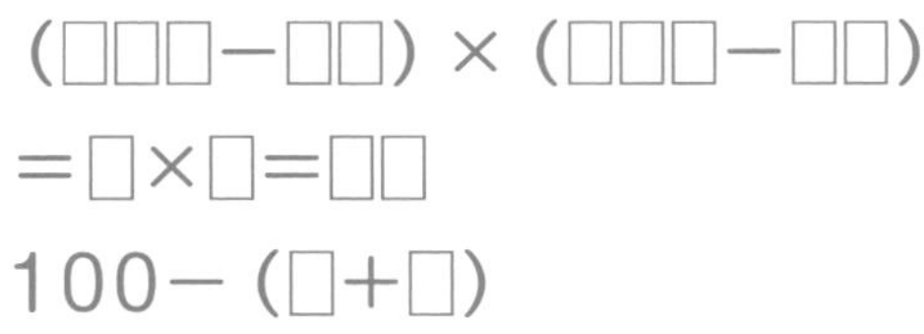

＝□×□＝□□

100−(□+□)

❸ **97×93**

(□□□−□□) × (□□□−□□)

＝□×□＝□□

100−(□+□)

❹ **91×96**

(□□□−□□) × (□□□−□□)

＝□×□＝□□

100−(□+□)

❺ **96×97**

(□□□−□□) × (□□□−□□)

＝□×□＝□□

100−(□+□)

❻ **92×95**

(□□□−□□) × (□□□−□□)

＝□×□＝□□

100−(□+□)

答 ①8556 ②8463 ③9021 ④8736 ⑤9312 ⑥8740

テクニック 13

問題を解いてみよう❶

❶ 91×92＝

❷ 94×99＝

❸ 98×96＝

❹ 93×98＝

❺ 95×99＝

❻ 93×94＝

❼ 97×95＝

❽ 94×92＝

❾ 98×98＝

❿ 93×95＝

⓫ 92×97＝

⓬ 99×98＝

答 ①8372 ②9306 ③9408 ④9114 ⑤9405 ⑥8742 ⑦9215 ⑧8648 ⑨9604 ⑩8835 ⑪8924 ⑫9702

テクニック 13

問題（もんだい）を解（と）いてみよう❷

❶ 91×97＝

❷ 92×94＝

❸ 95×93＝

❹ 92×98＝

❺ 96×91＝

❻ 98×97＝

❼ 91×95＝

❽ 94×98＝

❾ 94×95＝

❿ 92×92＝

⓫ 99×97＝

⓬ 91×99＝

答 ①8827 ②8648 ③8835 ④9016 ⑤8736 ⑥9506 ⑦8645 ⑧9212 ⑨8930 ⑩8464 ⑪9603 ⑫9009

テクニック 9~13

おさらいテスト❶
満点（まんてん）をめざしましょう！

❶ 33×44＝

❷ 63×44＝

❸ 74×73＝

❹ 82×86＝

❺ 55×66＝

❻ 71×69＝

❼ 96×94＝

❽ 37×37＝

❾ 39×41＝

❿ 97×96＝

⓫ 73×66＝

⓬ 46×49＝

答 ①1452 ②2772 ③5402 ④7052 ⑤3630 ⑥4899 ⑦9024 ⑧1369 ⑨1599 ⑩9312 ⑪4818 ⑫2254

テクニック 9〜13

おさらいテスト❷ 満点(まんてん)をめざしましょう！

❶ 78×44＝

❷ 98×95＝

❸ 33×88＝

❹ 91×98＝

❺ 28×32＝

❻ 48×33＝

❼ 48×44＝

❽ 66×22＝

❾ 77×33＝

❿ 43×46＝

⓫ 72×78＝

⓬ 51×22＝

答 ①3432 ②9310 ③2904 ④8918 ⑤896 ⑥1584 ⑦2112 ⑧1452 ⑨2541 ⑩1978 ⑪5616 ⑫1122

Part 4

応用

覚えると超速になるスゴワザ

テクニック14 2ケタ×2ケタのたすきがけ算

テクニック15 2ケタ×2ケタのマス目算

テクニック16 2ケタ×2ケタの線引き算

テクニック 14

2ケタ×2ケタのたすきがけ算

例題

$$\begin{array}{r} 37 \\ \times\ 48 \\ \hline \end{array}$$

5 6

5 2

1 2

❶ 7×8=56
❷ 3×8+7×4=52
❸ 3×4=12

答 1776

解説

例題をたすきがけ算で計算してみましょう。最初はふつうに計算するのとあまり違わないと感じるかもしれませんが、たすきがけ算になれると、ほんの数秒でこの計算ができることに気づくでしょう。このテクニックをつかうことで、暗算力がとてもアップします。

❶ 1の位どうしをかけると56になるので、この計算の1の位は6になることがわかります。10の位の5はつぎのケタにくりあがります。左上のスペースに小さく書き記しましょう。

❷ たすきがけの計算をしてその数をたします。(3×8)＋(7×4)＝52で、ここに1の位からくりあがった5をたして57となるので、10の位の数字は7になります。10の位の5はつぎのケタにくりあがります。

❸ 3×4=12に5をたして17。答は1776です。

テクニック 14

解き方に慣れよう❶

❶

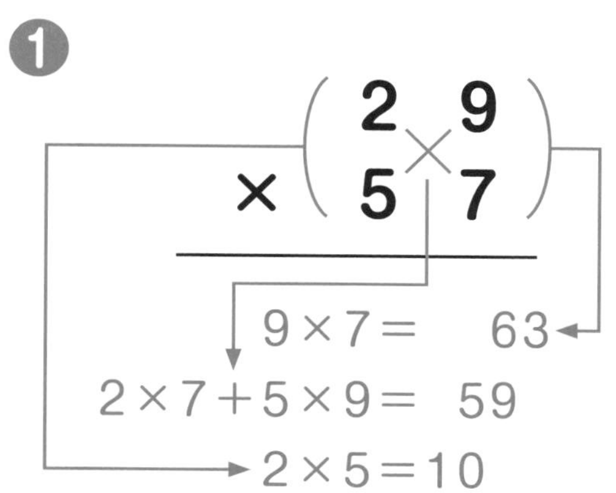

❷

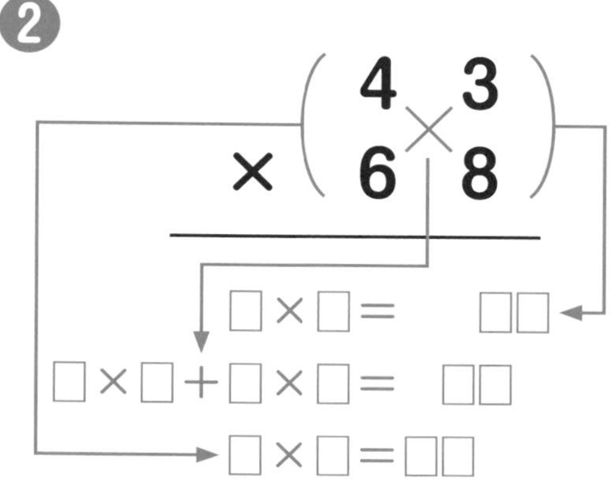

❸

$$\begin{array}{r} 8\ 4 \\ \times\ 6\ 3 \\ \hline \end{array}$$

□×□= □□

□×□+□×□= □□

□×□=□□

❹

$$\begin{array}{r} 3\ 8 \\ \times\ 8\ 4 \\ \hline \end{array}$$

□×□= □□

□×□+□×□= □□

□×□=□□

答 ①1653 ②2924 ③5292 ④3192

テクニック 14 解き方に慣れよう❷

❶

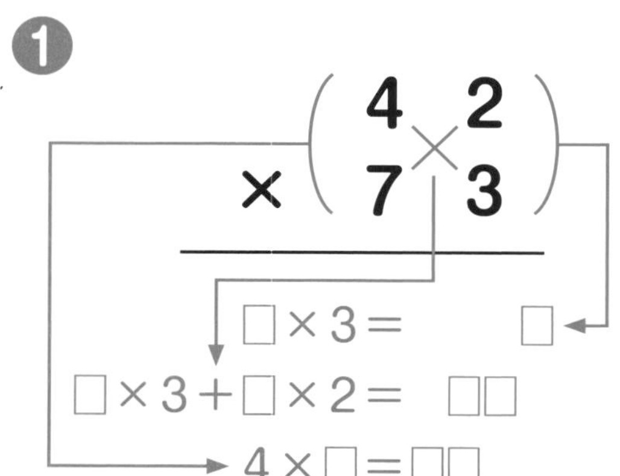

❷

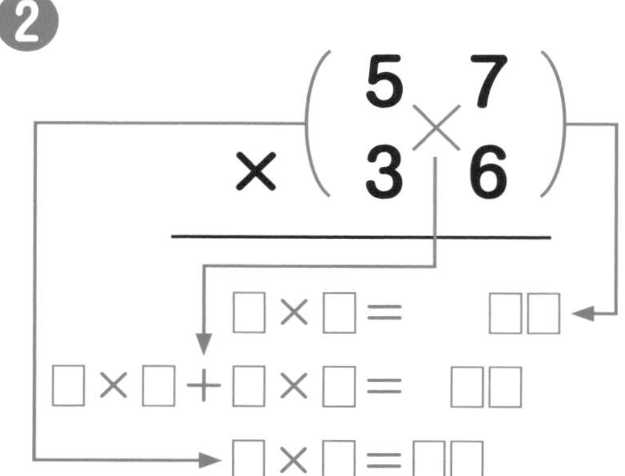

❸

6 3
× 4 9

□×□= □□

□×□+□×□= □□

□×□=□□

❹

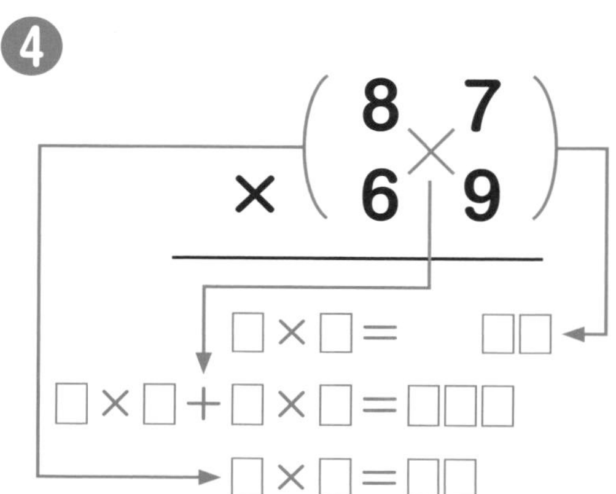

答 ①3066 ②2052 ③3087 ④6003

問題を解いてみよう❶

❶ 36×47

❷ 28×36

❸ 32×43

❹ 36×87

❺ 48×63

❻ 73×82

❼ 38×74

❽ 47×83

❾ 94×67

❿ 87×92

答 ①1692 ②1008 ③1376 ④3132 ⑤3024 ⑥5986 ⑦2812 ⑧3901 ⑨6298 ⑩8004

テクニック 14

問題を解いてみよう❷

❶
$$\begin{array}{r} 28 \\ \times 42 \\ \hline \end{array}$$

❷
$$\begin{array}{r} 48 \\ \times 39 \\ \hline \end{array}$$

❸
$$\begin{array}{r} 54 \\ \times 67 \\ \hline \end{array}$$

❹
$$\begin{array}{r} 73 \\ \times 46 \\ \hline \end{array}$$

❺
$$\begin{array}{r} 39 \\ \times 83 \\ \hline \end{array}$$

❻
$$\begin{array}{r} 52 \\ \times 78 \\ \hline \end{array}$$

❼
$$\begin{array}{r} 84 \\ \times 92 \\ \hline \end{array}$$

❽
$$\begin{array}{r} 64 \\ \times 78 \\ \hline \end{array}$$

❾
$$\begin{array}{r} 34 \\ \times 92 \\ \hline \end{array}$$

❿
$$\begin{array}{r} 74 \\ \times 27 \\ \hline \end{array}$$

答 ①1176 ②1872 ③3618 ④3358 ⑤3237 ⑥4056 ⑦7728 ⑧4992 ⑨3128 ⑩1998

テクニック 15

2ケタ×2ケタのマス目算

例題 **27×48**

0 + ① = 1

1くりあがる

2 + 8 + 1 + ① = ①2

1くりあがる

8 + 5 + 6 = ①9

	2	7	
	0 / 8	2 / 8	4
	1 / 6	5 / 6	8

+1 ①　+1 ②　11　19　⑥

答 **1296**

解説

マス目算のやり方をマスターすれば、3ケタ、4ケタのかけ算も、九九とたし算だけでスラスラ解けるようになります。2ケタ×2ケタのかけ算27×48で説明してみましょう。

❶ 4つのマス目を書いて、右上からななめの線（図では赤い点線）を入れ、マスの上と右よこにかける数字を書きます。（ここでは上に27、右よこに48）。

❷ それぞれのマス目に上と右よこの数をかけた答を入れます。左の白い三角形に10の位の数字、右の赤い三角形に1の位の数字が入ります（上7右よこ4のマスは2 ／ 8、上2右よこ8のマスは1 ／ 6のようになります）。

❸ ななめの線で区切られたスペースごとに、右から順にマスのなかの数字をたしていき、その合計をマス目の外に書いておきます。合計が10以上なら時計回りのスペースにくりあげます。

❹ マス目の外の合計（○で囲んだ数字）を左上から順番に並べて1296が答となります。

テクニック 15

解き方に慣れよう

❶ 39×23

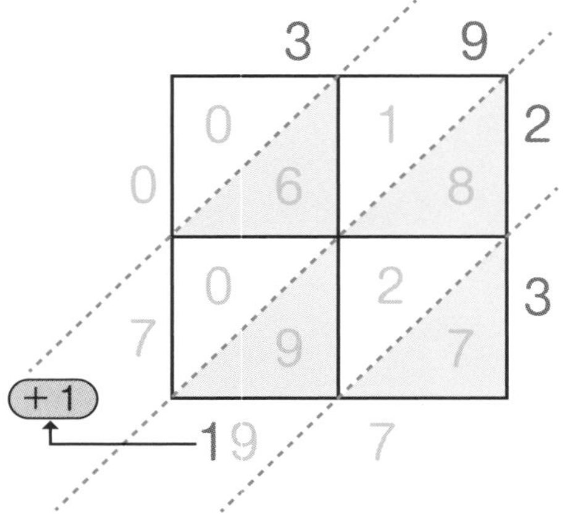

❷ 47×64

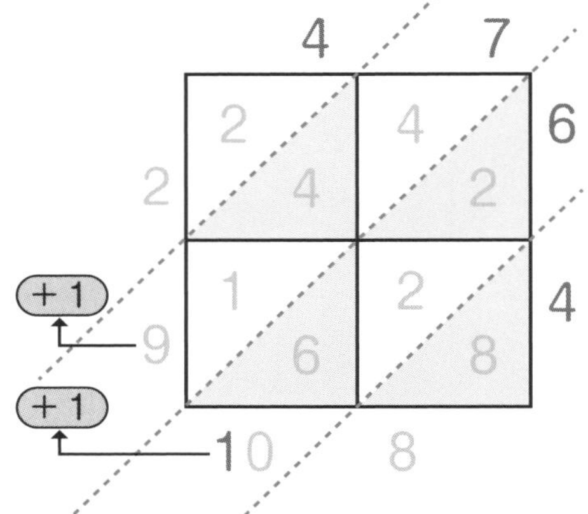

❸ 84×75

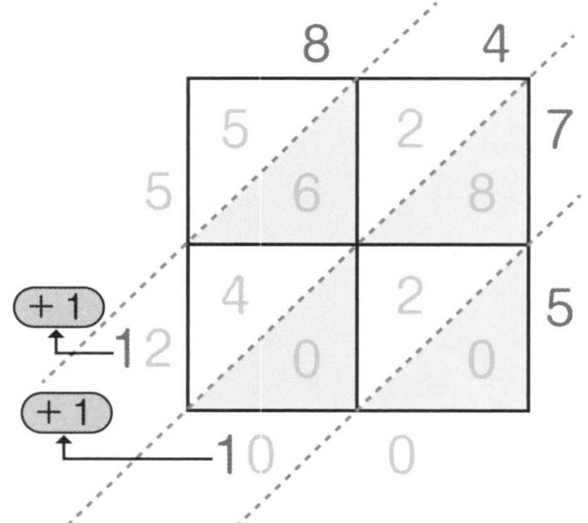

❹ 72×98

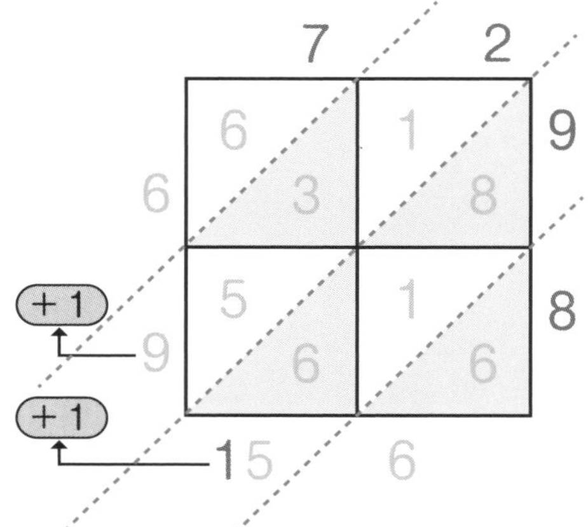

答 ①897 ②3008 ③6300 ④7056

テクニック 15

問題(もんだい)を解(と)いてみよう❶

❶ 56×32

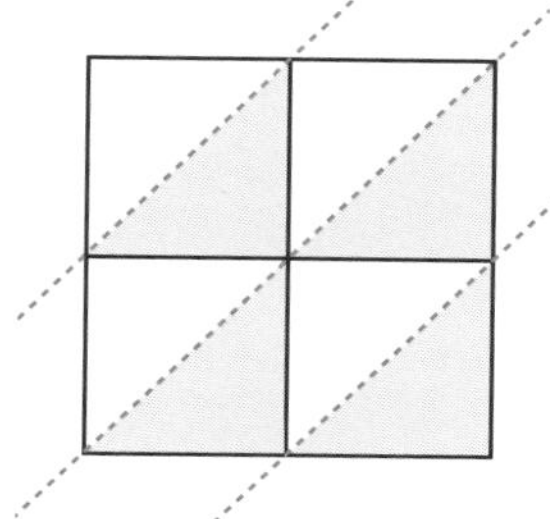

❷ 46×57

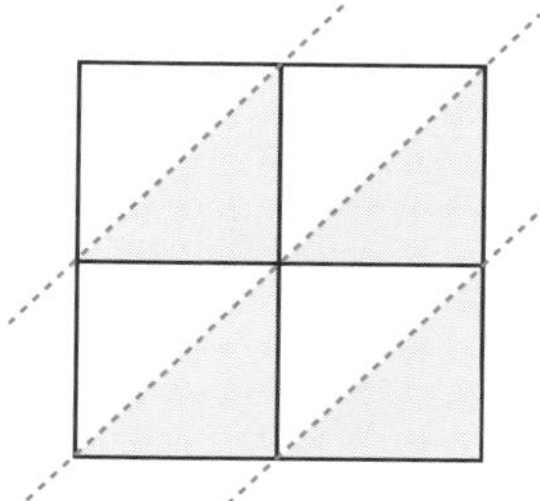

❸ 59×61

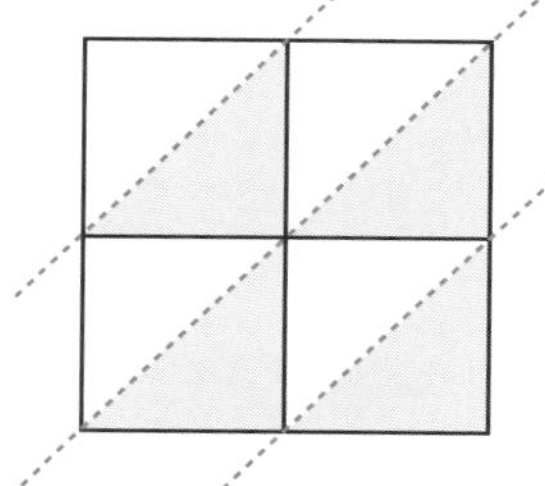

❹ 79×53

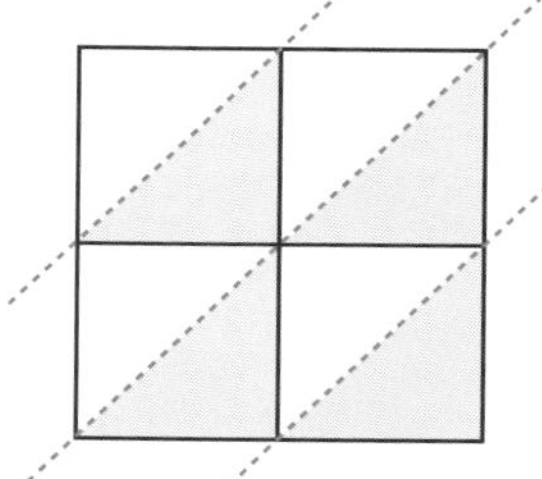

❺ 71×48

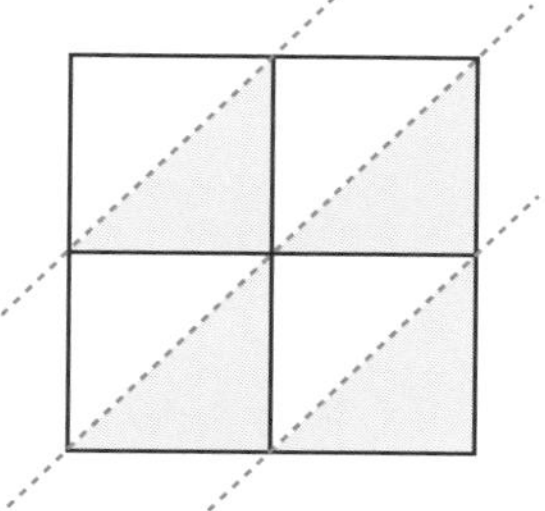

❻ 44×83

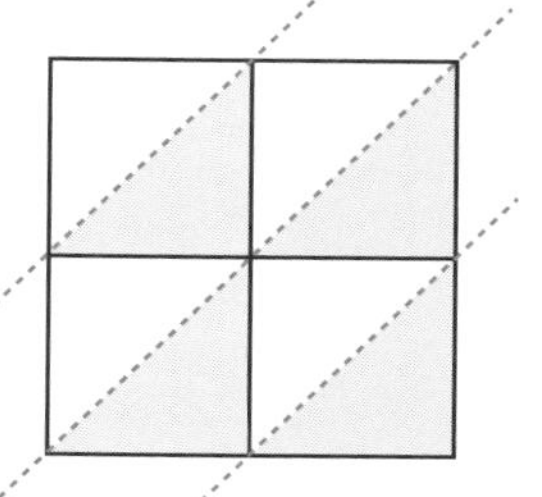

答 ①1792 ②2622 ③3599 ④4187 ⑤3408 ⑥3652

テクニック 15

問題(もんだい)を解(と)いてみよう❷

❶ 24×33

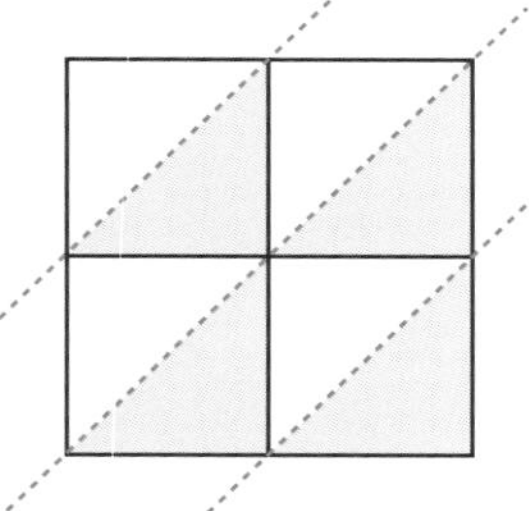

❷ 78×65

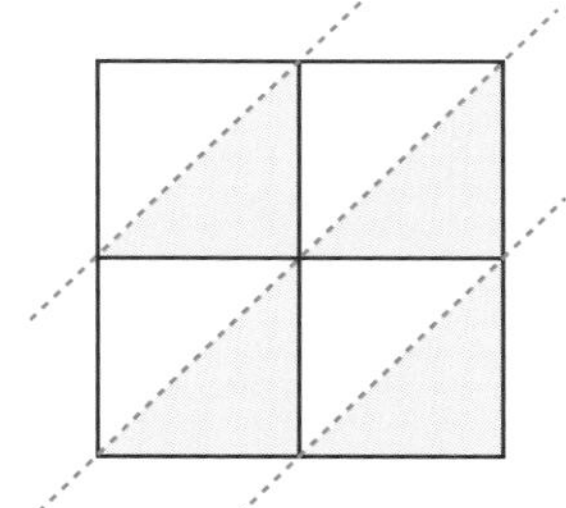

❸ 39×74

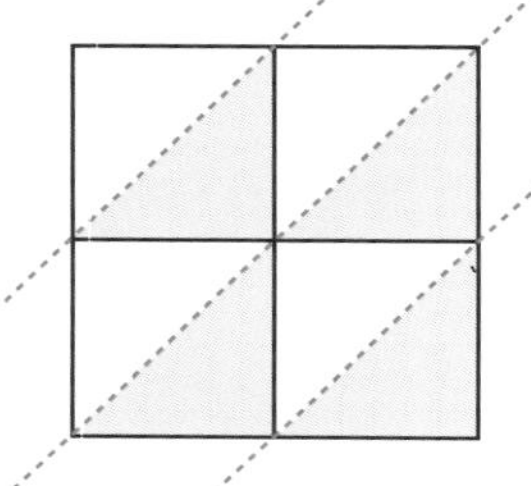

❹ 57×83

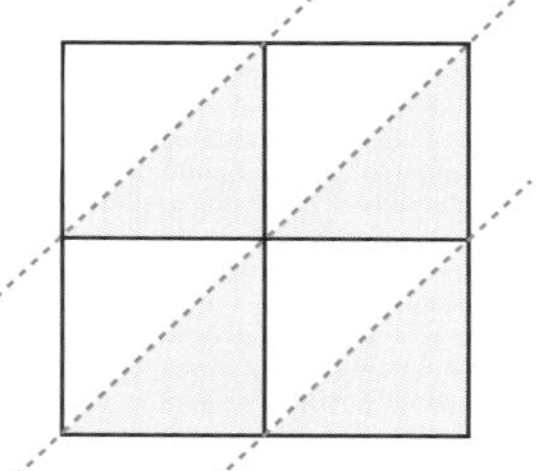

❺ 68×92

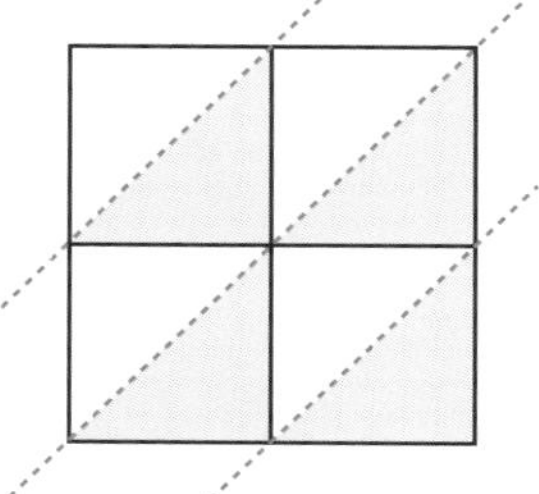

❻ 26×97

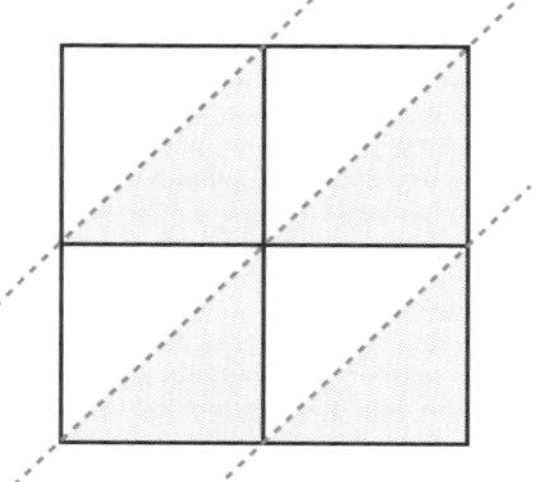

答 ①792 ②5070 ③2886 ④4731 ⑤6256 ⑥2522

テクニック 16

2ケタ×2ケタの線引き算

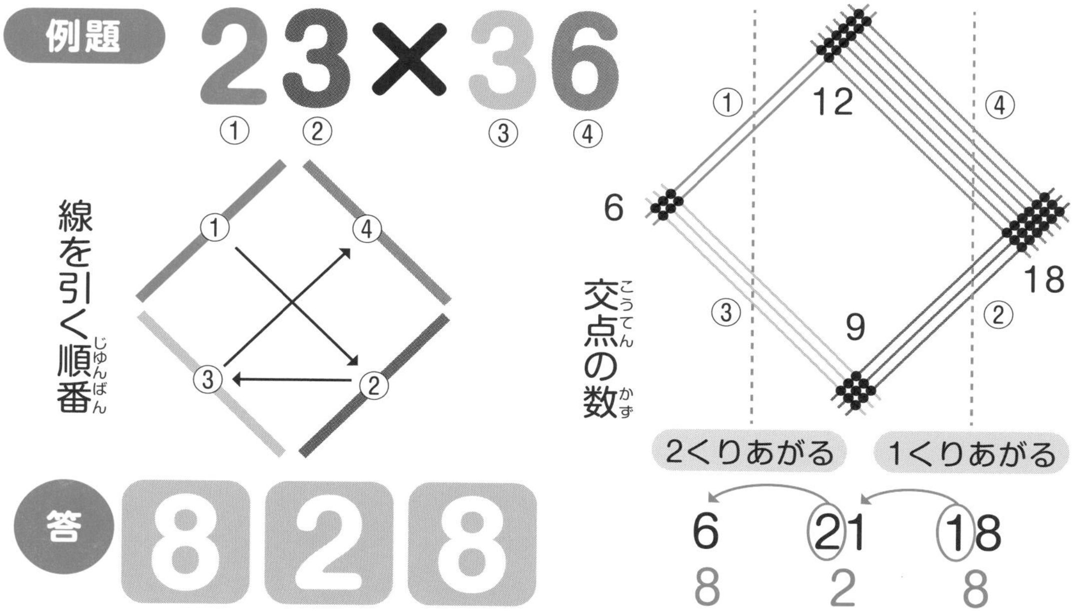

解説

線引き算をつかえば、線が交わる点（交点）の数を数えるだけで、かんたんにかけ算の計算ができます。例題で説明しましょう。

❶ まず、2ケタ×2ケタのかけ算で使う4つの数字と同じ数の線を、全体が四角形になるようにひいてください。線を引く順番はつぎのとおり。

1. 左上に23×36の1番左の数字を表す2本の左下がりの線
2. 右下に23×36の左から2番目の数字を表す3本の左下がりの線
3. 左下に23×36の左から3番目の数字を表す3本の右下がりの線
4. 右上に23×36の左から4番目の数字を表す6本の右下がりの線

❷ 2本の点線をたてにひいて、全体を3つにわけ、左がわの交点、まんなかの2か所の交点の合計、右がわの交点の数を数えて四角形の下に書きましょう。

交点の数は右から順に18、21（12+9）、8。それぞれ1の位、10の位、100の位になります。10以上ならつぎの位の数字がくりあがります。つまり、このかけ算の答は828になるわけです。

テクニック
16 解き方に慣れよう

❶ 38×26

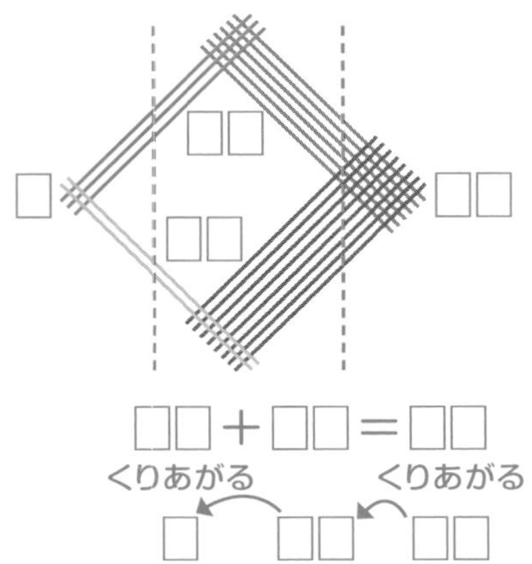

□□＋□□＝□□

くりあがる　くりあがる

□　□□　□□

❷ 43×24

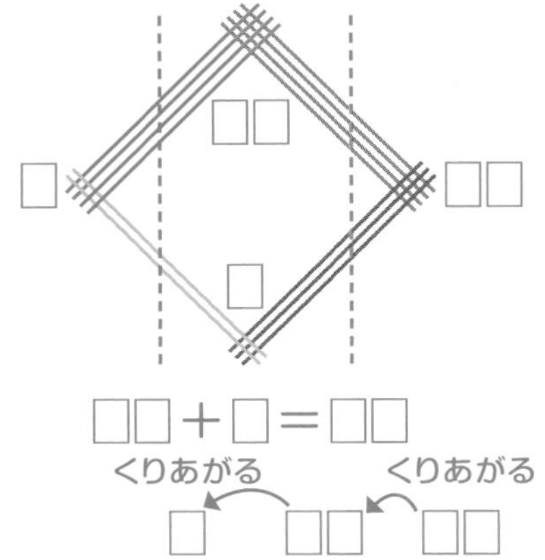

□□＋□＝□□

くりあがる　くりあがる

□　□□　□□

❸ 57×32

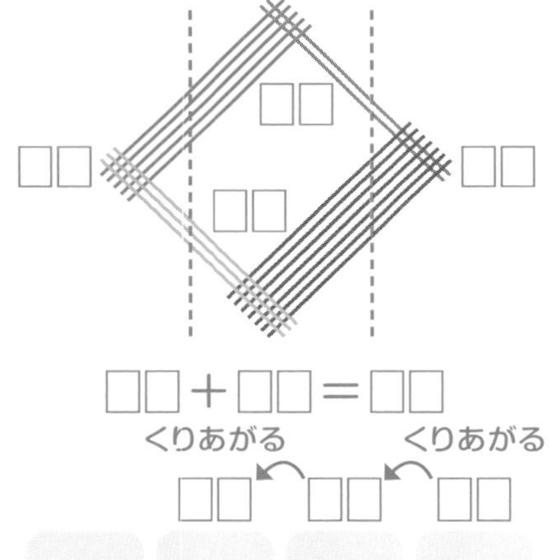

□□＋□□＝□□

くりあがる　くりあがる

□□　□□　□□

❹ 61×47

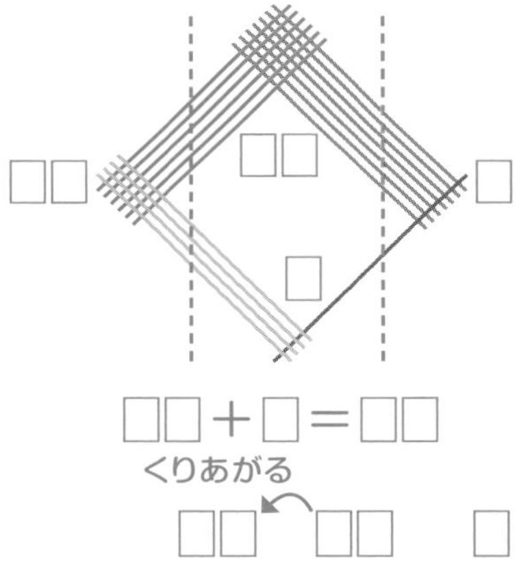

□□＋□＝□□

くりあがる

□□　□□　□

ヒント

このページでは、線をひいてあるので、交点の数を数えてください。線の数が増えて、交点の数が数えにくいときは、線の数どうしをかけあわせればかんたんです。

答 ①988 ②1032 ③1824 ④2867

テクニック16

問題(もんだい)を解(と)いてみよう❶

スペースの中(なか)に線(せん)をひいて答(こたえ)をだしましょう。

❶ 23×34

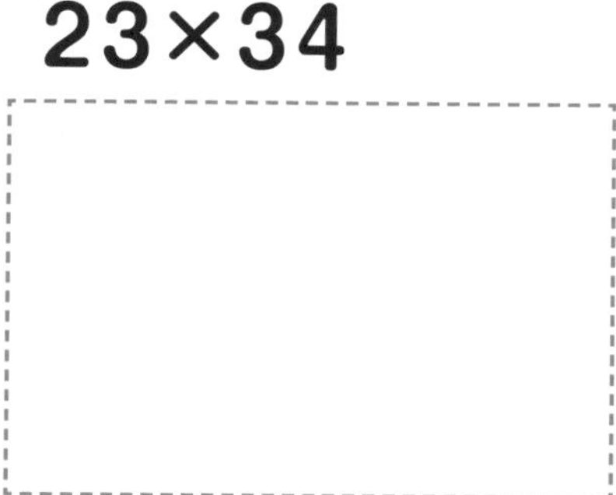

❷ 43×52

❸ 61×72

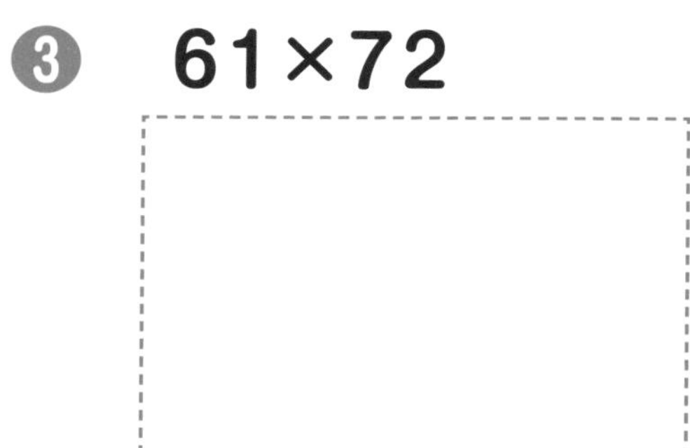

❹ 13×31

❺ 32×42

❻ 51×26

答 ①782 ②2236 ③4392 ④403 ⑤1344 ⑥1326

テクニック **16**

問題を解いてみよう❷

スペースの中に線をひいて答をだしましょう。

❶ 16×43

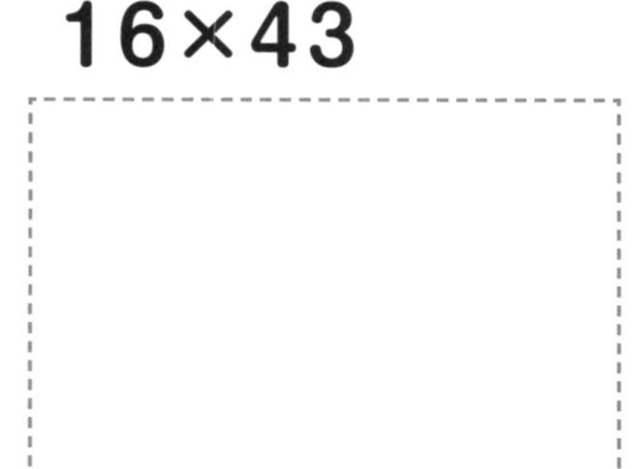

❷ 28×54

❸ 57×76

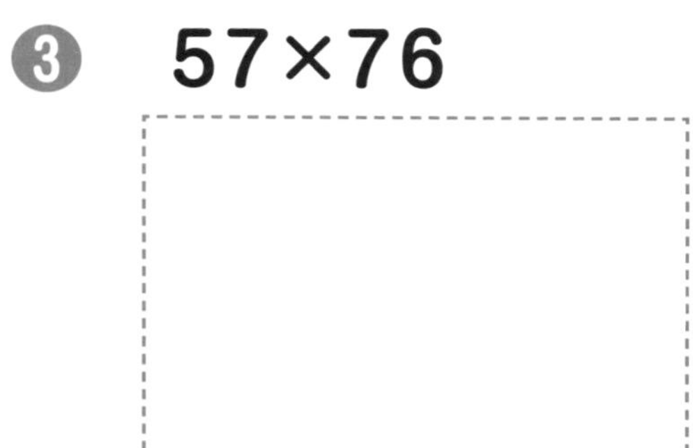

❹ 68×83

❺ 78×94

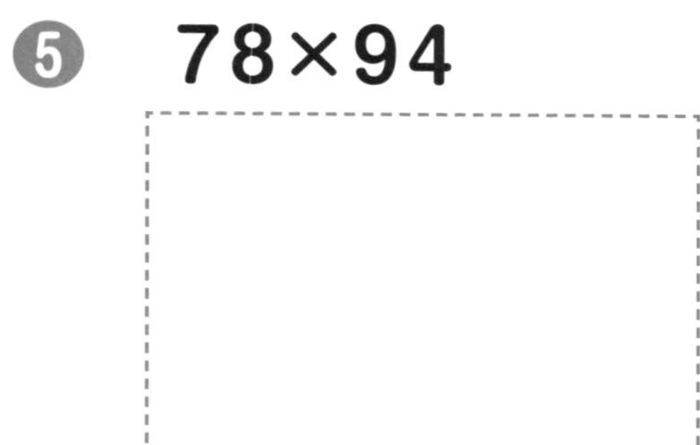

❻ 87×96

答 ①688 ②1512 ③4332 ④5644 ⑤7332 ⑥8352

テクニック 1~16

総合テスト❶ 満点をめざしましょう！

❶ 39×11＝

❷ 34×19＝

❸ 45×64＝

❹ 63×67＝

❺ 45×45＝

❻ 48×66＝

❼ 37×23＝

❽ 74×86＝

❾ 34×38＝

❿ 68×61＝

⓫ 44×49＝

⓬ 27×45＝

答 ①429 ②646 ③2880 ④4221 ⑤2025 ⑥3168 ⑦851 ⑧6364 ⑨1292 ⑩4148 ⑪2156 ⑫1215

テクニック 1~16

総合(そうごう)テスト❷ 満点(まんてん)をめざしましょう！

❶ 48×11＝

❷ 78×71＝

❸ 18×16＝

❹ 28×45＝

❺ 29×89＝

❻ 17×39＝

❼ 75×85＝

❽ 67×43＝

❾ 39×71＝

❿ 33×66＝

⓫ 36×24＝

⓬ 15×55＝

答 ①528 ②5538 ③288 ④1260 ⑤2581 ⑥663 ⑦6375 ⑧2881 ⑨2769 ⑩2178 ⑪864 ⑫825

テクニック 1~16

総合(そうごう)テスト❸ 満点(まんてん)をめざしましょう！

❶ 46×66＝

❷ 15×85＝

❸ 25×38＝

❹ 93×92＝

❺ 44×22＝

❻ 64×67＝

❼ 96×92＝

❽ 39×29＝

❾ 43×63＝

❿ 84×88＝

⓫ 58×52＝

⓬ 68×71＝

答 ①3036 ②1275 ③950 ④8556 ⑤968 ⑥4288 ⑦8832 ⑧1131 ⑨2709 ⑩7392 ⑪3016 ⑫4828

児玉光雄 こだま・みつお

1947年、兵庫県生まれ。脳活性トレーナー、スポーツ心理学者。京都大学工学部卒。UCLA大学院にて工学修士号取得。住友電気工業研究開発本部に勤務後、米国オリンピック委員会スポーツ科学部門本部で、最先端のスポーツ科学の研究に従事する。帰国後はトッププレーヤーのメンタルトレーナーとして独自のイメージトレーニング理論を開発。プロスポーツ選手を中心に右脳開発トレーニングに携わる。鹿屋体育大学教授を経て、現在は追手門学院大学特別顧問。日本スポーツ心理学会会員。おもな著書に『こども右脳ドリル366』(小社刊)、『子供のインド式「かんたん」計算ドリル』(ダイヤモンド社)、『大谷翔平 勇気をくれるメッセージ80』(三笠書房) などがあり、著作物は200冊以上にのぼる。
ホームページ https://www.m-kodama.com/
Facebook https://www.facebook.com/mitsuo.kodama.9
X (旧Twitter) https://twitter.com/mitsuo_kodama

2ケタかけ算
99×99まで
ぜんぶ5秒で
暗算できる
すごい計算術

2023年11月30日　初版発行
2024年 9 月30日　4刷発行

著者——児玉光雄

企画・編集——株式会社夢の設計社
〒162-0041
東京都新宿区早稲田鶴巻町543
TEL(03)3267-7851(編集)

発行者——小野寺優
発行所——株式会社河出書房新社
〒162-8544
東京都新宿区東五軒町2-13
TEL(03)3404-1201(営業)
https://www.kawade.co.jp/

デザイン——スタジオ・ファム
カバー・本文イラスト——うつみ ちはる

DTP——アルファヴィル
印刷・製本——中央精版印刷株式会社

Printed in Japan ISBN978-4-309-29357-8